アフリカのマリ共和国の紛争で、ラファールの掩護の下、エアボーンを実施するフランス軍のトランザール輸送機（第1話）

日本本土攻撃後、台風の中、離陸した硫黄島を目指すマスタング（第２話）

アフリカ上空で戦う第3空戦のMiG-29とSu-27だが、戦闘機の角度の上で戦闘の角度の上でチェアのSu-27にリトアニアのMiG-29が戦闘の角（第3話）

ベトナム戦争のさい、北の輸送船を攻撃するダグラスA－26インベーダー（第4話）

低空からフォークランドを爆撃するイギリス軍のデルタ翼爆撃機アブロ・バルカン（第5話）

朝鮮戦争のさいのヘリコプターによる戦闘救難作業。ベルH－13の収容人員は1名、H－19は3名であった（第7話）

第１次大戦末期にドイツ・アルプス上空で戦うビッカース・ビミー爆撃機とフォッカーＤｒⅠ三葉機（第８話）

B－17の編隊に襲いかかるメッサーシュミットMe262。R4Mロケット弾により大きな戦果を挙げている（第9話）

勢揃いしたビーチD－18双発多用機のファミリー（第10話）

インドからヒマラヤ山脈を越えて中国に向かうカーチスC－46コマンド輸送機（第11話）

ドイツ・ブランデンブルク門上空のビッグリフターの群れ（第13話）

ＯＶ－10ブロンコの支援をうけて対地攻撃を行なうロッキードＡＣ－130スペクター・ガンシップ（第14話）

アメリカ第8空軍のB－17爆撃機を攻撃するメッサーシュミットMe163コメート・ロケット戦闘機（第15話）

マリアナ沖海空戦における爆装零戦とそれを掩護する零戦（第17話）

ウクライナ戦争に登場したロシア陸軍の3種の攻撃ヘリコプター。左からホーカム、ハボック、ハインド（第19話）

モスキート救難機に誘導されて、暗い滑走路に滑り込むバンパイア戦闘機（第20話）

NF文庫
ノンフィクション

航空戦クライマックスII

三野正洋

潮書房光人新社

航空戦クライマックスII——目次

ＲＣＧとは著者が考案したREALPHOTO + COMPUTER GRAPHICの頭文字をとったもので、実機写真を元にしたコンピュータ絵画という意味である。なお、口絵のカラー写真はすべてＲＣＧである。

ＲＣＧ制作の役割分担及び本書の写真提供
・三野正洋：総括、写真提供、絵コンテ製作、本文執筆
・岩浪暁男：写真提供、ＲＣＧ製作
・持田　剛：ＲＣＧ製作、編集
・菊地拓海：ＲＣＧ製作
その他写真提供
金岡充晃、航空ファン編集部（文林堂）、雑誌「丸」編集部、ＵＳＡＦ、ＵＳ・ＮＡＶＹ

航空戦クライマックスII

第１話　ゲリラとの過酷な戦い
――マリ共和国紛争のフランス空軍

マリ共和国。西アフリカの内陸国で、北部はサハラ砂漠に繋がっている。人口は我が国の一〇分の一であるが、面積は四倍近い。

この国は一応共和制を掲げているが、長く国内の混乱が続き、一九六〇年にフランスから独立した後も政情は一向に安定していなかった。

北部のトアレグ族は分離独立を要求し、これに加えて二一世紀にはいるとイスラム過激派ゲリラのアルカイダが蠢動し始める。

マリ共和国は七〇〇〇名からなる軍隊を持っているが、これも内部分裂気味で治安を維持するだけの力はない。

このため混乱は最高潮に達し、国民の犠牲者が急増した。見かねた国連が動きだし、旧宗主国のフランスに軍事力による鎮圧を提案した。

これに応えてフランスは空軍、陸軍の動員を決定、これをベルギー、ドイツ、アメリカ、そして一部のアフリカの国々が支援する。

この軍事行動をフランスはセルヴァル作戦と名付けた。

マリの騒乱は一万人前後の過激派によるものであるが、これに対してフランスは五〇〇〇名の部隊、他国は合せて三〇〇〇人の兵力を派遣した。

二〇一三年一月にフランス軍が現地に到着、早速活動を開始、そして二週間後、コンナ付近で過激派の軍事組織と衝突した。

重装備のフランス軍に対して、この組織は軽火器しか持たないものの、地の利を活かして猛烈に反撃した。

そのためフランス軍は戦闘爆撃機ミラージュ2000を八機、新しいラファールを四機送り込み、誘導爆弾を用いてゲリラ部隊を攻撃している。

ダッソー・ラファールが実戦に参加したのは、たぶんこれが最初だと思われる。

これだけ豊富な軍事力を投入すれば、鎮圧は容易と考えられたが、現実は甘くなかった。

航空機に損害はなかったものの、地上部隊は何回となく攻撃を受け、相手の拠点まで到達できない。

そのためフランス外人部隊、陸軍特殊部隊が送り込まれ、このさいにはアメリカ軍のC－130ハーキュリーズ、フランス軍のC－160トランザール輸送機が二度にわたり空挺部隊を降下させている。これはヘリボーンではなく、パラシュート降下（エアボーン）である。実戦においてこのような戦術が行われたのは、最近ではきわめて珍しく、たぶん、朝鮮戦争以来と思われる。

やはりゲリラ相手の戦いとなると、航空攻撃だけではらちがあかず、地上部隊の派遣が必須となる。

しかも過激派は都市部から北部の砂漠、山岳に入り込み、そこから奇襲という戦術を採用した。

また主な手段は、自動車を用いた自爆攻撃で、これはかなり効果的であった。なにしろ自爆車と一般の自動車は、全く見分けがつかない。

これによりフランス軍と、支援国チャドの装甲車が続けざまに破壊され、死傷者が出ている。

フランスは、新たにラファール四機を増派し、戦力を強化した。

それでもその効果は充分とは言えなかった。いかに誘導爆弾といえども、岩だらけ

最初に空爆を実施したミラージュ2000

合わせて８機が初めて実戦に登場したラファール戦闘機

エンジンに被弾し、黒煙を曳くフランス軍のガゼルヘリコプター

の山に隠れ住むゲリラを見つけ出し、殲滅することは無理であった。

フランス国内では、戦闘機の投入の効果に対し、疑問の声が上りはじめる。

これを受けて空軍は、アエロスパシアル・ガゼルヘリコプターの対地攻撃型四機を送り込んだ。

低空から敵を探し出し、機関銃、ロケット弾で攻撃するヘリは、それなりに有効であったと思われる。

ガゼルはＡＨ－64アパッチのような重武装、重装甲のヘリではないが、その優れた運動性を利用して充分任務を果たした。

しかし低空を低速で移動する航空機を、ゲリラ側は見逃すはずはなかった。

数日おいて二機が被弾し、一機は墜落、パイロットは戦死した。もう一機も不時着を余儀なくされ、乗員は負傷している。

このとき、どのような兵器が使われたのか、明確ではないが、対空ミサイルではなく、機関銃、小銃などであったと推測される。

その後、状況はあまり変わらなかった。地上軍は過激派を追いつめるのだが、彼らが砂漠、山岳に逃げ込めば、捕捉することは困難であった。

反対にゲリラが山を下りれば、すぐにミラージュ、ラファールの爆撃、砲兵隊からの砲撃が待っている。

この頃の爆撃は高価な誘導爆弾から、通常弾に代わっている。

介入から半年がたち、国連、フランス、そしてそれを支援する国々もこの戦いに飽きはじめ、七月にはいると撤退に追い込まれる。

これだけ大規模な戦力を投入しても、ゲリラ相手の戦闘は決着がつかなかった。

結果としては、過激派、ゲリラの死亡七〇〇～一〇〇〇名、負傷者数不明、フランス中心の国連軍の死傷者一一〇名であった。

やはりアフガニスタンなどと同様に、非正規軍との戦いは、多くの部隊、新兵器、莫大な予算をつぎ込んでも、思いどおりの結果は得られない。

一方ゲリラ側は、あまり激しい行動に出ると、再度大国の軍事行動を招く可能性がある、という教訓をこの戦争から学んだのではなかろうか。

第2話　アメリカ軍戦闘機の大量喪失
――マリアナ沖海戦および自然の脅威

　第二次世界大戦時の太平洋戦域において、アメリカ軍は思わぬ理由からかなりの戦闘機とその操縦士を失った。またこの〝理由〟は稀有なことに日本軍によるものではなく、作戦の過誤と思われるのである。

　それでは早速、戦史の上からも大変珍しい出来事を追ってみよう。

○マリアナ沖海戦におけるグラマンF6Fヘルキャットの損失
　昭和一九（一九四四）年の六月に、南太平洋のマリアナ諸島の沖合で、歴史的に見ても空前絶後の大海戦が勃発した。

　この諸島に属するサイパン、グアム、ロタといった島々の帰趨は、大日本帝国の運命に直結していた。これらの拠点がアメリカ軍の手に堕ちれば、数ヵ月後には大型爆撃機ボーイングB-29による日本本土爆撃が始まるのである。

航空母艦のみを数えて日本側九隻、アメリカ側一五隻という大戦力が一九~二〇日に紺碧の大海原で激突したが、結果はあらゆる面で最新、最強の兵器を揃えたアメリカ海軍の圧勝であった。

しかしそれでも海戦の最終段階で、ある種の悲劇が起こる。二〇日の午後に約二五〇機からなる艦載機が、日本艦隊を攻撃し、これにより空母飛鷹が撃沈された。わずかな日本側の戦闘機と対空砲が阻止しようと努力したが、アメリカ側の損害は三〇機前後にとどまっている。その後陽が傾き攻撃を終えたヘルキャットなどが、五〇〇キロ遠方に遊弋する機動部隊に帰還し始めたが、ここでこの距離と日没が艦載機群の障害となった。

まず戦闘のために大量の燃料を消費し、母艦までたどり着けない戦闘機が続出する。これを知った艦隊の首脳は、すぐに迎えるために西方に移動を開始したが、時期が遅れてしまった。

さらに日没のために母艦を発見できないもの、暗闇の中、無理に着艦しようとして事故を起こす機体が次々と現われ、大海戦に勝利したアメリカ艦隊を動揺させる。複座、三座のグラマンTBFアベンジャー艦攻、カーチスSB2Cヘルダイバー艦爆はなんとか夕闇がおとずれる直前に帰投できたが、グラマンF6F戦闘機、ダグラスSBDドーントレス急降下爆撃機については悲劇が待っていた。

資料によって数字は異なるがヘルキャット七五機、ドーントレス六機が母艦にたどり着けないまま南太平洋の海底に沈んだ。駆逐艦は日本の潜水艦から攻撃される危険を承知の上で、上空に向けて赤々とサーチライトで照らしながら必死に救助作業を夜通し続けたが、五九名の飛行士が戻らなかった。

出発にあたってこのような可能性がありながら、攻撃隊を発進させた指揮官の一部が、のちに処分されている。

○台風によるノースアメリカンP－51マスタング編隊の損失

小笠原諸島の南の端に位置する硫黄島は、ひと月あまりの激戦ののち、アメリカ軍の占領するところとなった。これは終戦の年の三月末のことである。

アメリカ軍はここに大規模な飛行場を建設したが、これはマリアナを基地として日本本土を爆撃するB－29爆撃機の不時着場、そして爆撃機を護衛するノースアメリカンP－51マスタングの発着場を確保する目的であった。

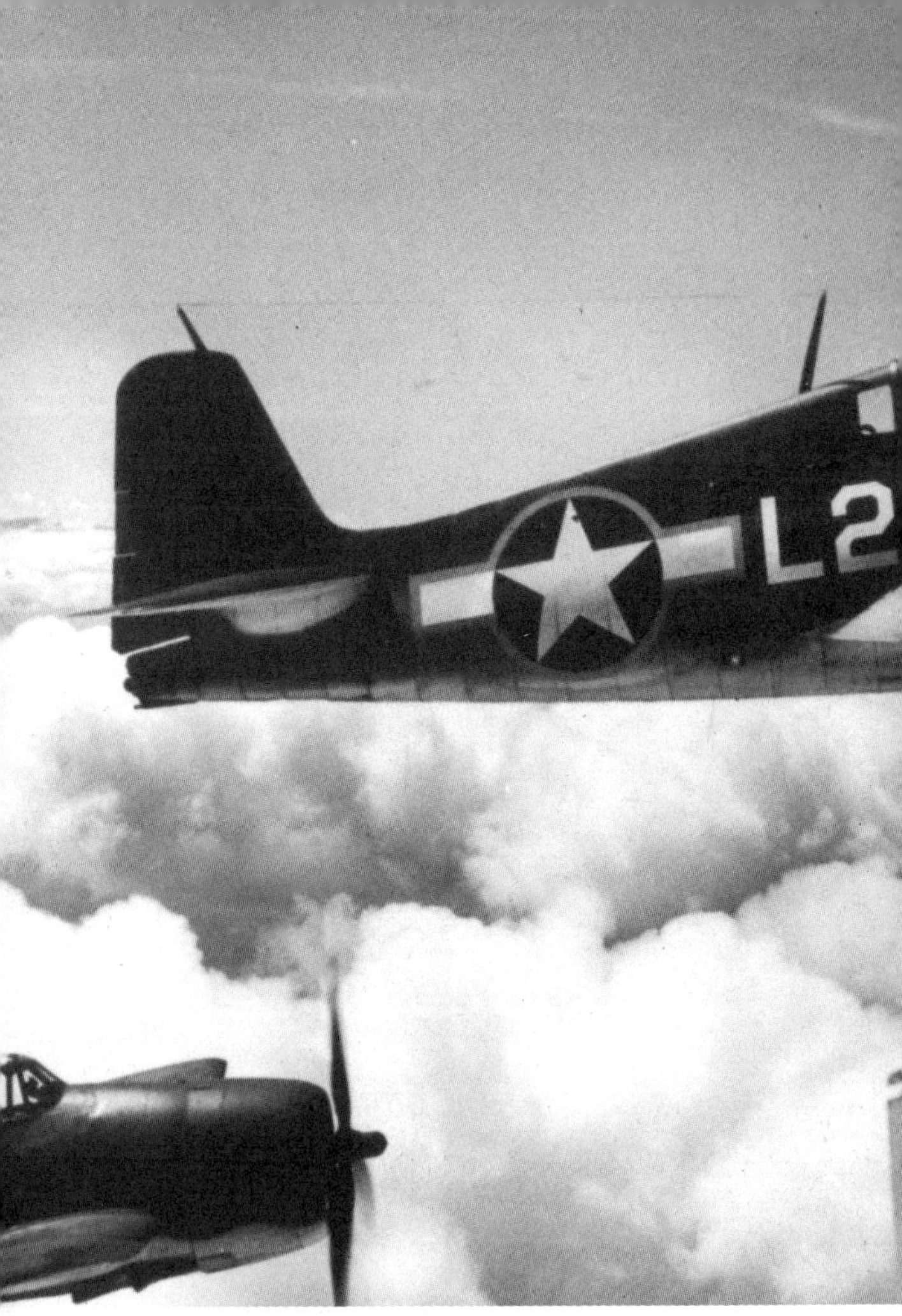

マリアナ沖海戦において多くの行方不明機をだしたF6Fヘルキャット

同じ遭難事件におけるSBDドーントレスの損失は6機であった

珍しく落下タンクを抱いて飛ぶマスタング

占領後、建設工事は急速に進められ、マスタングはエスコートだけではなく、独自に出撃し日本各地を襲いはじめる。

ところが硫黄島と東京間の距離は一二〇〇キロもあった。昭和一七年の夏から秋にかけて、ニューブリテン島のラバウル基地から、ガダルカナルを往復しながら闘った日本海軍の航空部隊でも、その距離は一〇〇〇キロであった。

長距離性能を誇るマスタングであるが、出撃にさいしては三三〇リットル入りの落下タンクを2個装着しなければならず、重量が過大であることから離陸時の事故は少なくなかった。有名な日本海軍の零戦も落下タンクを装備していたが、三二四リットル一個と半分なのである。

それはともかくP－51のパイロットも次第にその行動に慣れ、関東、東海の主要な施設に対する攻撃に専念することが可能となった。

そのような状況の中で、終戦の迫った七月一七日、九〇機からなる編隊が発進した。これもB－29のエスコートではなく、戦闘機隊のみの銃撃が目的である。

予定していた攻撃が終了し、帰路についたが、このころから急激に天候が悪化した。日本近海にいた海軍の機動部隊は、早くからこの気象の変化に気付いており、早めに東方に退避していた。

しかし硫黄島の陸軍航空部隊の気象班は、なぜか見逃していたのである。

風速六〇メートル近い暴風と、降りしきる大雨の中、マスタングは硫黄島を目指す。もはや編隊の組むことも出来ず、必死に南下を続けるしかなかった。ADFといった航法援助機材も、あまりに悪化した天候の前には、充分な効果を発揮しない。戦闘を終えた後の一二〇〇キロは、あまりに遠かった。

結局、出撃したものの約半数、四一機が未帰還となった。アメリカ軍は嵐がおさまるのを待って、もともとマスタングの帰路に沿って配備していた潜水艦十数隻を投入し、パイロットの救出に当たらせる。しかし助けられた者は一四名で、残りは行方不明、戦死と判断せざるを得なかった。

なおこの荒天の状況については、SNSを利用すれば当日の天気図が簡単に入手できる。これを見ると、あちこちに不明な部分もあるが、強い台風が千葉県の銚子沖に近づいていた状況がはっきりとわかる。アメリカ軍（空軍／陸軍航空隊）はこれを見落とし、大きな犠牲を出したと言うしかないのであった。

第3話　アフリカの角の上空における空中戦
――スホーイ対ミグ

まずこの戦いの舞台となったエリトリアという国についての、説明から始めたい。

この国名を聞いて、すぐに場所が思い浮かぶ読者は本当に少ないはずである。

エリトリアは、独立から二〇年と経っていない若い国で、紅海、アデン湾に面したアフリカの角（アフリカ大陸の北東部分）の一部を占めている。

もともとその南に当たるエチオピアの地方区分であったが、一九九八年五月から翌年の六月まで続いた戦争で、独立という目的を果たした。

この戦争は辺境の地の戦いで、国際的に注目されることはなかったが、実際にはかなり激しいもので、死傷者の総数は一〇万人を超えている。

人口五〇〇万人前後のエリトリアが、その一〇倍を持つエチオピアに勝つことができたのは、アフリカを襲った大旱魃に加えて、この地方が宗教、教義、氏族などによる絶え間ない紛争で混乱の極みにあったからであろう。

しかもこれに輪をかけたのが、他国の干渉である。なんとエチオピアにはソ連／ロシアが、エリトリア側にはウクライナが肩入れした。

永くソ連邦の一角を成していたウクライナのこの方針には、誰でも首を傾げざるを得ない。

しかし現在、ロシアとウクライナは、国境を巡って小競り合いを繰り返し、この一〇年ほどで五〇〇〇名を超える犠牲者が出ているのである。

ともかく両国は、完全な供与という形で、戦闘車両、軍用機を持ち込んだ。同時に軍事顧問、教官を送り込み、エチオピア対エリトリアの戦争に介入した。

一九九九年二月二五日、エチ側のスホーイＳｕ－29フランカーとエリ側のミコヤン・グレビッチＭｉＧ－29ファルクラムが国境付近で交戦した。

それまでも両国の空軍が互いの首都アジスアベバ、アスマラを爆撃していたから、この空中戦はある意味、必然だったかもしれない。

二五日の戦いで、両者は五、六機を投入したものの、戦果、損害はなかった。

使用された武器はともにＧＳｈ三〇ミリ機関砲であった。翌日エチ側はＲ27アラモ

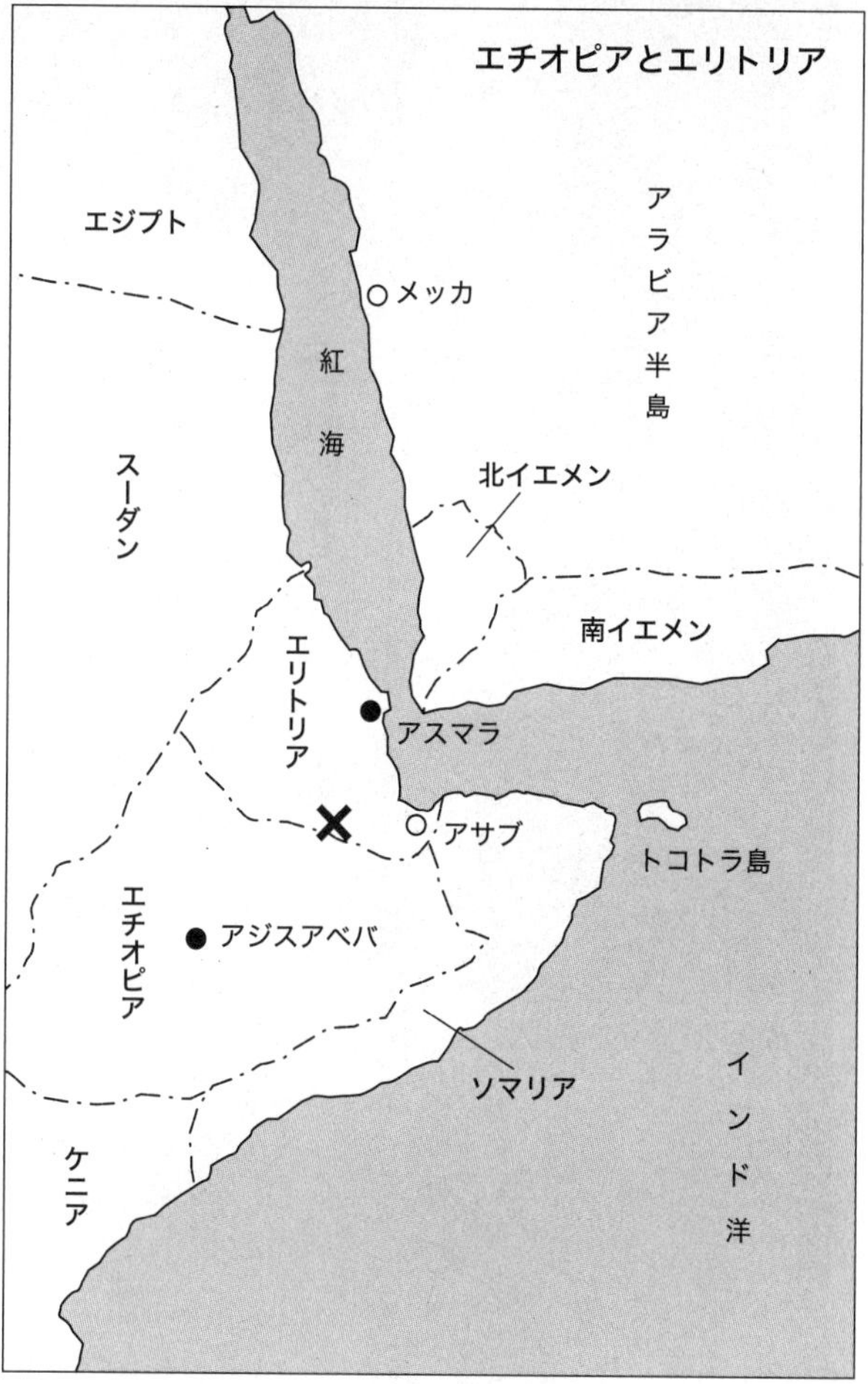
エチオピアとエリトリア
エジプト
メッカ
紅海
アラビア半島
スーダン
北イエメン
南イエメン
エリトリア
アスマラ
アサブ
トコトラ島
エチオピア
アジスアベバ
ソマリア
インド洋
ケニア

ミコヤンMiG－29ファルクラム

スホーイ Su－27 フランカー。尾部に突き出たコーンに注意

スホーイ同士の空中戦。ドンバス地方上空のウクライナ軍の Su-27
（上）とロシア軍の Su-34〈RCG〉

空対空ミサイルを使用し、午前中に二機、午後一機のファルクラムを撃墜している。エリ側はAAMを装備していなかったらしく、完全に圧倒されてしまっている。

もともとフランカーとファルクラムを比べた場合、前者の機体のスペースに余裕があり、したがって電子機器の能力も後者を大きく上回っているように思われる。

また別の情報ではフランカーの操縦者はロシア人の教官であった、という。そのうえ、互いに貧しい国ながら、国力はエチオピアが数段大きいという事実もあって、それが結果に表われたのだろう。

その後もソ連／ロシア製の航空機同士の戦いは、断続的ながら続いた。

五月の空中戦ではエリ側のフランカーが、エチ側のファルクラムを撃墜している。

さらにこの戦場にはミコヤン・グレビッチMiG－21フィッシュベッド、スホーイSu－24フェンサーが登場し、規模こそ小さいものの互いに戦果と損害を記録した。

伝えられる最後の空中戦は二〇〇〇年五月一八日で、この日にはエチのフランカーがエリのフィッシュベッドを撃墜した。

イギリスの雑誌、報道によると、交戦は延べ一〇回におよび、相対的にはエチオピアが勝利している。

ところがこのあとしばらくすると、ロシアはアフリカから手を引き、これにともな

要目・性能比較表

	MiG-29	Su-27
設計・製造	ミコヤン	スホーイ
コードネーム	フルクラム	フランカー
全　幅（m）	11.4	14.7
全　長（m）	17.3	21.9
翼 面 積（㎡）	38	62
自 重 量（t）	10.9	16.4
総 重 量（t）	18	33
エンジン推力 （t×基数）	8.3×2	12.5×2
最大速度（M）	2.35	2.35
航続距離（km）	2100	3700
乗 員 数（名）	1	1
生 産 数（機）	1600以上	700
初 飛 行	1977／10	1977／5
派 生 型	MiG-35	Su-30 Su-32／34 Su-33／35
仕様・ 主目的など	小型 局地使用 多用途	大型 長距離侵攻 重装備

い、両国の国境紛争も沈静化する。

これでアフリカの角周辺の国々に平和が訪れるかに見えたが、情勢はますます混沌化する。

紅海を隔てた南北イエメン、続いてすぐ隣りのソマリア、西のスーダンで、各種の勢力同士の武力衝突が始まる。

これには初期にはアメリカ、続いて国際連合が仲裁に入るものの、あまりの複雑さに音をあげ、結局、この地から手を引かざるを得なかった。

我々日本人としても、同様で、これらの国々の現状把握さえ難しい。なにしろエリトリアに永住し、それを外務省に届けている邦人はわずか一人だけ！

これではこの国に関する情報、関心とも存在しないのも当然と言ってよい。

最後に、大きさこそ違え、姿、形があまりに良く似ているフランカー、ファルクラムの要目の相違を表にして掲げておく。

さらに二〇二一年の秋から、ウクライナ東部ドンバス地方でロシアとウクライナの紛争が本格化した。これは翌年二月にロシアの全面侵攻と至る。そのため両国のスホーイSu－27ファミリーの空中戦が頻発する。全般的にはSu－34、35など新鋭機をそろえたロシア側が有利と見られたが、ウクライナ側も効果的に反撃している。

第4話　五つの戦争に参加した航空機
――ダグラスA／B－26インベーダー

一九四五年八月に世界大戦が幕を下ろしても、そのあと次々と騒乱は続く。五年後にはちょうど一〇〇〇日にわたる朝鮮戦争が勃発、その決着がつかないままの状態で、長く続くインドシナ戦争は終わる気配を見せなかった。

そしてそれは一九六二年ごろから、一〇年以上続くベトナム戦争に雪崩れ込むのであった。その一方で、規模こそ小さいが、カリブ海周辺でも紛争が起こっている。

ここではこのすべてに登場することになった軍用機を紹介し、その足跡を追ってみる。

第二次大戦のさい、アメリカ陸軍は、次の四種の中型爆撃機を生産した。

・ノースアメリカンB－25ミッチェル　一万機製造

・ダグラスA－20ハボック　　　　七五〇〇機
・マーチンB－26マローダー　　　五二〇〇機
・ダグラスA－26インベーダー　　二六〇〇機

記号のBは爆撃機、Aは攻撃機を示すが、戦後の一時期アメリカ空軍はAの使用を取りやめ、Bに統一した。このためマローダー、インベーダーともにB－26となり混乱する。ただし今回の主役は後者なので、A－26と呼ぶ。

本機は一九四二年七月に初飛行を終え、翌年の夏から実戦に登場する。比較的小柄な機体に二〇〇〇馬力エンジンの双発だから、速度、運動性とも極めて良好だった。

このインベーダーという軍用機は、実に大戦、朝鮮、インドシナ、ベトナム、キューバと五つの戦争に参加するという、稀有な経験をすることになる。

ダグラスC－47（DC－3）のような輸送機ならいざ知らず、戦闘用航空機としては信じられない記録であった。

本機は全幅二一メートル、全長一五メートル、自重一〇トン、三名の乗員で運用され、手ごろな大きさで故障も少なく、小国の空軍でも使いこなすことができた。

〇第二次世界大戦：主として一九四四年秋からヨーロッパ戦線に投入され、強力な火力と高い信頼性で活用された。少数が太平洋戦線でも地上攻撃に威力を発揮した。終戦直前には、写真偵察機型が硫黄島から日本本土に来襲している。
○朝鮮戦争：一九五〇年六月から始まったこの戦争に、A－26は一八〇機以上が送り込まれ、もっぱら共産側の地上軍の攻撃に従事した。運動性がよく、低空攻撃も可能であった。さらに夜間の任務にも投入され、サーチライト、照明弾を組み合わせたロケット弾の攻撃を得意とした。また一部は夜間戦闘機として、共産空軍が送り込んでくる、小型爆撃機の阻止にも貢献している。
しかし相手の対空火器が充実し始めると、インベーダーの損害も増え、一九五二年の冬には一日に三機が撃墜される事態も発生している。
○インドシナ紛争：太平洋戦争が終わると、いったん本国に撤退していたフランス軍がインドシナ（現ベトナム）に戻り、ふたたび植民地化を計画する。これに現地人、共産主義者からなるベトミンが軍隊を組織して戦いを挑む。
アメリカはフランスを支援して大量の武器援助を行なうが、なかにそれぞれ二〇機ほどのグラマンF8FベアキャットとA－26が含まれていた。

北緯一七度線の北側ではフランス軍とベトミン軍の戦闘が激化し、最初は近代的な兵器を豊富にもつ前者が圧倒的であった。A－26も連日出動し、爆弾、ロケット弾を使い、戦果を挙げている。しかし時間と共に中国からの武器援助が始まり、ついに一

整備中のB／A－26インベーダー中型爆撃機

カリフォルニア森林局の専用飛行場。ここだけで消防専用機として10機以上のB－26が待機していた

九五四年、フランス軍の主力は敗れ、一世紀続いたインドシナの支配を放棄するのであった。この頃にはすべてのインベーダーが消耗してしまっていたと考えられる。
○キューバ紛争：カリブ海に浮かぶ島国キューバで、F・カストロ率いる革命軍がアメリカ寄りの政権に対して立ち上がり、権力を握る。このさい約二年にわたり混乱が続いた。一九六一年に、今度はカストロの統治に反対する勢力が、アメリカの支援を受けてキューバに侵攻する。これがピッグス湾事件で、裏に中央情報局CIAの後押しがあった。この反革命軍は、十数機のA－26をグアテマラから送り込み、首都ハバナを爆撃する。しかしキューバ軍のシーフューリー戦闘機の反撃を受け、損害を出している。
○ベトナム戦争：一九六〇年代の初めから南ベトナム政府、解放戦線との激しい内戦にアメリカが介入し、四〇機のA－26が対地攻撃機として投入された。
このグループはA－1スカイレイダーが充分な数配備されるまで、南軍の支援に出動している。しかし一九六四年アメリカ軍の直接関与の頃には、すべて引き上げられた。

この他、アフリカのコンゴ動乱に四機が爆撃機として使われたとの情報もあるが、詳細は明らかでない。

このようにダグラスA／B－26はアジア、ヨーロッパ、カリブ海、アフリカと信じられないほど多方面で活躍しているが、その事実をどのように評価すべきであろうか。戦乱のなかに身を置いてきたインベーダーであるが、アメリカ本土に残されたものには、全く別な任務が待っており、考え方によってはこれがもっとも重要だったかも知れない。

ワシントン、カリフォルニア州で毎年発生する山火事の消火作業で、二五～三五機がファイアーファイターとして使われた。現在でも一〇機前後が現役である。これらはすべて全身を真っ赤に塗られており、年間の出動回数は、一六〇回を超えているとのことである。

第5話　これらの爆撃機の配備が国を滅ぼす？
——イギリスの3Vボマー

朝鮮戦争が始まるころから、東西冷戦は一挙に激化した。米英ソの首脳は、核戦争の可能性まで真剣に考え、戦略兵器の増強に着手する。主義主張の違いから、地球を滅ぼしかねないなんとも無謀な思想だが、当時はこれがまともに進行していたのである。

これを受けて大英帝国は、アメリカさえ所有していなかった戦略爆撃機を、三機種同時に開発する決定を下す。

第二次大戦が終わって一〇年も経っていない頃で、すでにイギリスはかなりの経済危機を迎えていた。この戦争に莫大な経費をつぎ込み、勝利を得たものの、回復にはまだまだ時間がかかりそうであった。それにもかかわらず、

・ビッカース・バリアント　　総重量六三・五トン　四発
・ハンドレページ・ビクター　　七四・六トン　四発
・アブロ・バルカン　　七七・一トン　四発
を同時に造りだす。これらはいずれもVの頭文字からなる名称をもっていたことから3V爆撃機と呼ばれた。

別表からもわかるとおり、ほとんど同じ寸法の、また同じ四発の爆撃機をなぜ三種類同時に誕生させたのであろうか。設計、製作に当たる技術者、職工だけでも相当な人数となる。

当時、イギリスは、労働党主張の「揺籠《ゆりかご》から墓場まで」という手厚い社会福祉政策を実行に移していた。たとえば近眼用のメガネまで、近眼は病気の一種と考え、無料化していたのである。

これはたしかに国民には喜ばれたが、国の財政を大きく悪化させた。このような厳しい状況の中、一九五二年度内にはバリアント、ビクター、バルカンが初飛行している。いうまでもなくこのすべてが、核爆弾の搭載が可能であった。この実戦化に備えて、予備部品、飛行場整備に多額の費用が必要になった。

就役したのは三年後だが、この頃から戦略思想に大きな変化が生まれはじめたが、

イギリスの3V爆撃機とB-52の比較

	アブロ・バルカン	ハンドレページ・ビクター	ビッカース・バリアント	ボーイングB-52 ストラトフォートレス
全　幅(m)	33.4	33.5	34.9	56.4
全　長(m)	29.6	35	33	48.1
翼面積(㎡)	330	240	220	372
自重量(t)	37.1	46.4	34.4	78.4
総重量(t)	77.1	74.6	63.5	221
エンジン名	ブリストル・オリンパス	PR コンウェイ	PR エイボン	P&W TF33
エンジン推力(t×基数)	5.0×4	7.5×4	4.4×4	7.7×8
搭載量(t)	9.5	15.7	9.5	40
乗　員(m)	5	5	5	6
生産数(機)	134	86	107	720
初飛行	1952／8	1952／12	1951／5	1961／3

模型の核爆弾と一緒に展示されているバリアント爆撃機

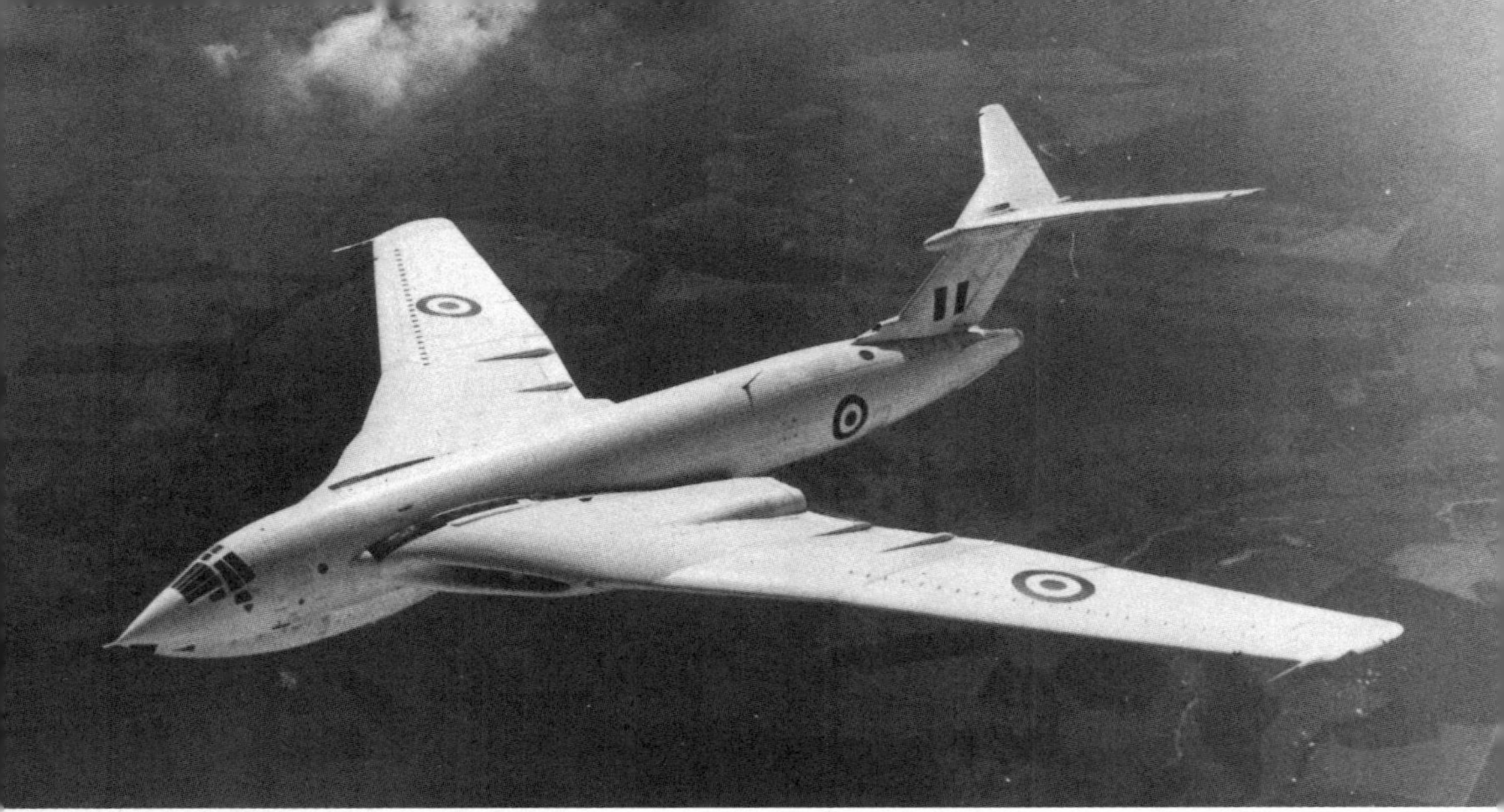

三日月翼を持ち、最近まで給油機として現役にあったビクター

巨大なデルタ翼が特徴で、一度だけ実戦に参加したバルカン

それは本格的な大型ミサイルの登場、そしてそれに伴う大型爆撃機不要論である。もちろん爆撃機の必要性もあるにはあるが、三機種、それも合わせて三〇〇機もいらないことは誰の目にも明らかだった。

といって実戦配備が始まったばかりの大型機を、すぐに廃棄するわけにも当然いかず、一部は通常爆弾の投下可能に、また給油機に改造が決定した。

ここでもまたイギリス国防省は、再び判断の間違いを犯す。三機種のうちの一部を給油機に変更したのだが、この作業にすべてのタイプについて行なったため莫大な費用が掛かってしまった。

ともかく3Vボマーが役立ったのは、次の紛争のみであった。

・バリアント：一九五六年のスエズ動乱に参加　二度、エジプト軍を爆撃。
・ビクター：一九六四年のマレーシア紛争に向けて待機、実戦には登場せず。
・バルカン：一九八二年のアルゼンチンとのフォークランド／マルビナス紛争に参加。四回にわたり爆撃を実施。ただし成功は一度だけで戦果は旧式機を一〇機ほど破壊。

この爆撃行には往復六回の空中給油が必要で、戦後に至りマスコミからは戦果よりも燃料費の方が高額であった、と皮肉られている。

日本の通貨に換算して、一兆円近い予算を消費して、得られたものはわずかであった。

しかも3Vボマーの開発が終了した後、当たり前と言えるが、大量の技術者、職工が失業し、しばらくすると、アブロ、ハンドレページ、ビッカースの名門航空機メーカーもそろって倒産、解散という道を辿る。

そしてフォークランド紛争が終了すると、イギリス空軍から大型爆撃機そのものが消えてしまった。わずかにビクターが給油機として残されたのみ。

その後の経済不況は多少改善されたが、全般としてイギリスはやはり斜陽化の方向に向かっている。

現在、イギリス資本の航空機メーカー、そして自動車メーカーは、ブランドこそ残しているが、実質的には皆無である。

この状況の始まりは、きちんと議論することがないまま、多額の金額を消費する爆撃機開発にのめり込んだことであろう。いうまでもないが、国家の予算の使い方については、専門家に任すだけではなく、国民の監視が必須である。

現在のイギリスの経済は、堅調さを取り戻しているが、このほとんどは金融によるもので、もはやこの国から画期的な軍需技術が誕生することは難しいと思われる。

第6話　空中ラジオ放送から爆撃まで
――万能機ロッキードC－130ハーキュリーズ

先の大戦中から戦後にかけて、輸送機、旅客機として一万五〇〇〇機という史上最多の生産数を誇ったのは、ダグラスC－47／DC－3である。

数の上からはずっと少ないが、それ以上に注目すべき現在の輸送機がロッキードC－130ハーキュリーズである。輸送機とはいいながら、その用途と任務は輸送だけではなく、数十に及んでいる。

さらに戦闘用航空機ではないのだが、実際には戦場に登場している。その一方で若者向けのラジオ放送まで飛行しながら実施するという、本当に万能としか言いようのないこの不思議な飛行機を紹介する。

本機は一九五四年八月二九日に初飛行しているが、今日でも製造が続けられていることだけを見ても奇跡である。六〇年以上にわたって造られている航空機は、広く世界を見回してもこのハーキュリーズだけなのではあるまいか。

これまでの生産数は四〇〇〇機！　そして七二ヵ国、つまり世界の国々の四割で使われている。

まずハーキュリーズという名称だが、これはギリシャ神話の力持ちの男ヘラクレスのことである。なんともこのネーミングは見事にマッチしていて、納得できる。

サイズから言えば、我が国の川崎Ｃ１よりも大きくて、アメリカのボーイングＣ－17より小さい。言ってみれば、中型機と大型機の中間くらいということであろう。

ターボプロップ四発で、エンジンの出力は初期の四〇〇〇馬力から、現在の機体では二割ほど増加、また胴体の長さも五メートルほど延ばされ、外観そのものはあまり変わっていないが、性能的には格段に向上している。

それにしてもハーキュリーズが、世界各国でこれほど使われている理由はなんなのか。これは信頼性が高く、大きさ、価格が手ごろという事実であろうか。

それでは実際の使用例をいくつか、見ていくことにしよう。

まずもっとも有名なのが、アメリカ海軍の曲技チームブルーエンジェルの支援機である。〝太ったアルバート叔父さん〟というニックネームのＣ－130は、これ自体がシヨーに登場し、RATO（ロケット支援離陸）という、なんともユニークな短距離離陸を披露する。

続いて車輪の代わりに橇を装着したハーキュリーズで、これは南極のマクマード基地への定期便として活躍中。総重量七〇トンの大型機ながら、橇で離着陸する航空機は、この仕様の三機のみと言えそうである。

さすがに橇の抵抗の大きなことを考慮して、これらもRATOの使用が必須である。胴体中央にそのための四つの噴射孔が見えている。

さて次の機体は、機首と胴体上部が大きく改造されたヘラクレスで、これには気象観測のための、各種センサーが取り付けられている。ここまでスタイルが変わったものは、ほかに二機見られるだけのようである。

続いて輸送機とは言え、戦闘用のC－130を取り上げよう。

まずは記号〝M〟を持つ特殊戦用機である。これらの詳細は、機密保持の面から明らかにされていないものの、敵地の奥深く特殊部隊を送り込むことを任務としている。愛称はコンバット・タロン、機数は八〇機前後と思われる。最高の電子装置を持ち、夜間、超低空侵入が可能な仕様である。

また次は、爆撃機として使われた例を示す。

RATO を利用して離陸するブルーエンジェルスのファットアルバート

車輪をそりに代えた南極観測支援／輸送タイプ

機首を大改造したイギリス空軍の気象観測／研究任務型

アメリカ空軍の特殊任務用のMC－130コンバットタロン

一九九一年の湾岸、二〇一六年のアフガニスタンで、C－130は大型の特殊爆弾を投下している。

前者では大戦中に開発済みの重量一〇トン爆弾グランドスラム、後者では同じく一〇トンの〝すべての爆弾の母　MOAB〟と呼ばれるものであった。

一〇トン程度の重量ならば、B－52、B－1、B－2などの大型爆撃機なら何の問題もなく搭載できるが、スペースから言って積み込めるのはハーキュリーズしかない。

これらの大型爆弾は、投下航空機への影響を避けるため、一万メートル近い高高度から減速用のパラシュートをつけて落とされる。

誘導はGPSによっておこなわれ、精度は半径五〇メートル以内とされている。グランドスラムの場合、内蔵されている爆薬の量は5トンで、通常兵器としては最大の破壊力を持つ。加えて爆発のさい、巨大なキノコ雲が生まれる。

湾岸戦争のさいには、安全な距離からこの爆発を観測したイギリス軍の兵士が、それを見て、「アメリカ軍は戦術核を使用した」と報告し、世界を驚かせている。

全く別の任務たる平和利用では、優れた不整地発着の能力を活かしてアフリカ奥地への食糧支援、全米の小学生の演奏会の模様を空飛ぶ放送局として流す、さらには台風観測のハリケーンハンターとして情報の提供など、各種の分野でも活躍している。

加えて軍用輸送機として開発されたが、アメリカをはじめ数か国では、L－100輸送機として民間で使われている。

我が国の航空自衛隊も二二機を保有しており、運が良ければ基地祭、見学会などで体験搭乗の機会もある。その場合では、もともと軍用機なので騒音、なんとも座りにくい座席などを覚悟しなければならない。

しかし考えようによっては、我々民間人が軍用機に乗る極めて貴重な機会であるから、それを楽しんでほしい。

第7話　アメリカ陸軍のインディアンの名前
――ベトナム戦争におけるヘリコプター

インドシナ半島を巡って一九六一～七五年の間続いた激しい戦いは、ベトナム戦争と呼ばれた。

当時の南ベトナムをアメリカ、韓国などが支援し、北ベトナムを中国、旧ソ連が援助する。結果は朝鮮戦争と異なって、社会／共産主義側が勝利を収めた。

この戦いは別名〝ヘリコプターの戦争〟とも言われたが、これはアメリカ軍がのべ七〇〇〇機以上の回転翼航空機を現地に持ち込み、あらゆる戦場で活用したからである。

ただこれについて述べようとすると、多くの類書が散見されるから、ここではある条件と照らし合わせて、それが適用されるヘリコプターに関し、話を進めたい。この条件とは、ヘリにアメリカ・インディアンの部族名が付いているものに限るというものである。

アメリカ陸軍は、回転翼航空機が配備されるとすぐに、このネーミングを決めている。

最初は、世界初の実用ヘリであるベル47で、この軍用タイプを制式名H－13スー（インディアンのスー族）としている。なおこのスーのスペリングはSiouxで、これを正確に発音するのは難しい。

続いてはシコルスキー55、軍用名H－19でこれはチカソー。いうまでもなくこれも種族の名称であった。このヘリは朝鮮戦争の負傷者の輸送で活躍した。

ここまでのところヘリコプターは、直接戦場に送られることはなかったが、これがベトナム戦争では一変する。

まず〝H〟の記号のまえに、U：汎用、O：観測用、A：攻撃用、C：輸送用とわかりやすいアルファベットが付けられていた。

ベトナムではイロコイ（ス）族、カイオワ族、チヌーク族、カイユース族の名を持つヘリが、勇猛な戦士インディアンと同じように戦場を疾駆する。

これらのいずれもが、解放戦線軍、北ベトナム正規軍と激しく戦った。

インディアン部族名の軍用ヘリコプター

機　種	用　途	機　名
ベル H-13	小型汎用	Sioux
シコルスキー H-19	中型汎用	Chickasaw
バートル CH-47	大型輸送用	Chinook
ロッキード AH-56	攻撃用	Cheyenne
ベル OH-58	中型観測用	Kiowa
ヒューズ AH-64	攻撃用	Apache
ベル UH-1	中型汎用	Iroquois
ヒューズ OH-6	小型観測用	Cayuse
シコルスキー UH-60	中型汎用	Black Hawk

我が国でも100機が使われているCH－47チヌーク

最強の攻撃ヘリといわれているAH－64アパッチ

退役が近い小型観測ヘリコプター OH－6 カイユース

なかでもUH－1イロコイスは、二〇〇〇機以上が投入され、あらゆる面で活躍する。ただ現地の兵士は、本機をヒューイと呼んでいた。ここから生まれたのが、AH－1攻撃ヘリでヒューイコブラとなり、多数が生産された。

なおその後継機たるヒューズAH－64アパッチには、これもインディアン名が付いているが、ベトナム戦争には間に合わなかった。

同じインディアン名がついた攻撃ヘリが、AH－56シャイアンである。

ヒューイコブラを大型化し、後部に推進用プロペラをもった強力なヘリであった。性能的にはアパッチに匹敵すると言われたが、あまりに高価な機体となり、シャイアンという名前まで決まっていながら、一〇機の試作機を残して採用には至らなかった。

現在、アーカンソー州の陸軍航空博物館に展示されているこのヘリを見ると、非常に斬新な技術が使われていることがわかる。

ヒューイと同様に活躍したのが、大型輸送用のCH－47チヌークである。五〇名の兵士を運ぶことのできるチヌーク族は、道路が完備されていないベトナムではきわめて有効に使われた。

ただのちに機関銃、ロケット弾、擲弾発射機を一〇梃以上搭載した重装備のCH－47が造られたが、これは期待ほどの活躍は出来なかった。

ベトナムの戦いとは関係ないが、特筆すべきは我が国が保有するチヌークの数で、じつに九九機。アメリカを除けば、間違いなく最多である。

自然災害の多い日本として、これは最良の選択であろう。

さて小型ヘリでは、ヒューズ500の軍用型OH－6カイユースがあり、これもインディアンの種族である。ベトナム戦争ではもっぱら観測、そしてFAC（前線航空管制）任務に就いていたが、近年、ヒューズからMDにメーカーが変更された。またそれとともにミニガン、ロケット弾装備の攻撃型AH－6が誕生、非常に安価であることから、歩兵師団にも配備しようという計画もある。

ちょっと毛色の違うのが、シコルスキー社の汎用ヘリUH－60ブラックホークで、これは白人の側が付けた勇猛なインディアンの酋長の名前である。他は種族名であるのにこれだけはなんとなく解せない。

蛇足ながら人種差別という面からインディアンという呼び方はやめ、ネイティブ・アメリカンにしようという動きもあるが、その反対にインディアンの中には、この呼び名には誇りがあるとして、今のままで良いとの声もあるようだ。

第8話　注目される第一次大戦機
――フォッカーとビッカース

一九一八年に人類が経験した初めての世界戦争である第一次大戦が終了してから、すでに一〇〇年が過ぎ去った。この戦争は航空機が大々的に活躍した最初の大規模紛争である。

イギリス、フランス、ロシア、ドイツ、そしてアメリカなどが合わせて一〇万機を超える軍用機を投入し、四年にわたり戦い続けた。

しかしさすがに一世紀を過ぎると、この時代の軍用機は完全に影を潜め、博物館に展示されているものを除き、飛行可能な機体は残されていない。

ところがアメリカ、イギリスなどのエアショーを見学すると、例外として大きな注目を集めている二種の大戦機が存在する。

今回はこれらについて紹介するとともに、フライアブルな姿を写真で示す。

1・フォッカーＤｒ－1三葉戦闘機

最初に登場するのは、三枚の主翼を持ったなんとも可愛らしい戦闘機Ｄｒ－1である。航空史を振り返ってみても三枚の主翼を持った軍用機、いや民間を含めて航空機自体が極めて珍しく、試作機を別にすれば他に例を知らない。

大戦の後半、ドイツ軍によって運用されたこの機体は全長五・八メートル、翼幅七・二メートルと本当に小さく、現代の軽飛行機と比べても半分程度である。回転式と呼ばれる九気筒一一〇馬力のエンジンを装備し、二時間半程度フライトすることが出来た。

このＤｒ－1が航空史に大きな足跡を残したのは、先の如く三葉であったこともあるが、もう一つ劇的な登場、そして活躍を見せたことに拠っている。

かつてドイツの貴族であるＭ・リヒトフォーフェン男爵は、真紅に塗られてこの戦闘機を操り、英米機を相手に目覚ましい戦いぶりを発揮した。

旋回性能を除くと、それほど高い能力を持つとは思えないこの戦闘機も、抜群の操縦技術を持つ貴族パイロットによって、次々と戦果を挙げた。

この事実によって欧米の航空ファンは、未だに本機の魅力に取りつかれている。もはやオリジナルでフライアブルな機体は存在しないが、レプリカのキットが販売されていて、それを自作しフライトを楽しんでいる航空ファンはかなりの数に上っている。正確な数は不明ながら、ホームビルト関連の雑誌によると、その数はなんと三〇機を超えている。オリジナルのDr－1の製造数は三二〇機だから、その約一〇パーセントに当たるのである。

さすがに回転式の星形エンジンは入手できないから、発売されている七気筒の星形エンジン（ロテックR2800など）を搭載している。カウリングを取り付ければ、外観はそのままなので、まさにフォッカー三葉戦闘機なのであった。

ある航空ショーでは、なんと五機のフォッカーが同時に飛行していた。

我が国では航空法の基準が厳しいので、このような航空機が飛行できる可能性は極めて低いのが少々残念である。

2：ビッカース・ビミー複葉爆撃機

第一次大戦にも数はそれほど多くなかったものの、複数の発動機を装備した軍用機も登場している。

エース、リヒトフォーヘンの真紅のフォッカーDrⅠ

ビッカース・ビミー。翼幅21メートル超す大型機である

もっとも有名なのはドイツ空軍のゴータGV爆撃機で、二六〇馬力のエンジン二基を持ち、総重量は四トン強であった。本機は五〇〇キログラムの爆弾を搭載してロンドンを爆撃し、その名を世界に轟かせた。

戦争末期、これに対抗してイギリスが誕生させたのが、ここに紹介するビッカース・ビミー爆撃機である。一七〇馬力のエンジン双発、翼幅はなんと二一メートルもある。しかし登場したのは一九一七年一一月であるから、戦争の勝敗はすでに決着がつこうとしていた。

これも当然、飛行可能な機体は存在せず、博物館で展示機を見るしかない。ところがこの大型双発機を完全に復元し、しかも本格的に飛行させようとするグループがイギリスに現われた。先に触れたフォッカー三葉機などとは、次元が全く異なる大型機である。

これを造り、飛ばすことなど、我が国では思いもよらぬ壮大な計画であった。

一九六九年、多額の費用と莫大な労力、そして多くの団体、個人の協力によってついにビッカース・ビミーのレプリカが誕生し、多くの地上試験のあと大空への飛翔に成功する。

まさに世界唯一の第一次大戦当時の複葉双発機であった。実際に本機の飛行をまじかに見ると、エンジン音は静かながら、低空をゆっくりと飛ぶ姿に感動する。これこそ世界中を見渡しても、イギリス人だけが成し遂げ得た壮挙であろう。

このビミーのフライトを見るために、当時にあってアメリカから航空ファンの見学ツアーが組まれたほどの関心を集めた。

さらに製作グループの計画は飛躍する。ビミーを使ってロンドンから南アフリカのケープタウンまでの、長距離フライトが実施されたのである。これは大戦終結の三年後に行なわれた記念飛行の再現であり、見事に成功している。

この事実を知るとき、ともかく彼らイギリス人の飛行機に対する情熱に感動するしかない。機会があれば、ぜひビミーのフライトを自分の目で見てほしいと痛感する。

なおＲＣＧではドイツアルプス上空で戦うフォッカーとビミーを描いているが、このような空中戦は時期的に存在しなかった可能性が大きい。

しかしＷＷＩの名機種二機を、同じイラスト上に表わしたいと考え、作成した次第である。

第9話　革新をもたらした驚異の性能

――ジェット戦闘機の登場

一九四五年の春、ナチス・ドイツ第三帝国の終焉が迫っていた。西からはアメリカ、イギリス、東からはソ連の大軍が圧力を強め、帝国の崩壊は目前である。

その半年ほど前、かつては精強を誇ったドイツ空軍ルフトバッフェが、最後の輝きを見せる。

この日、アメリカ第八空軍は、二二〇機のボーングB－17爆撃機を首都ベルリンへの攻撃に繰り出していた。この編隊を同数のリパブリックP－47サンダーボルト戦闘機がエスコートしている。

連合軍首脳は、もうドイツ空軍の脅威は存在しないと判断していたが、間もなくそれは甘かった事実を思い知らされることになる。

あとしばらくすればベルリンという空域で、爆撃隊は高空から信じられないほどの高速で接近してくる航空機群に気が付いた。

その速力は四五〇キロ／時前後で飛行するB－17の二倍であった。三〇機前後とみられるドイツ機は、独特の金属音と共にまず小型のロケット弾を発射した。緊密な防御態勢をとっていた〝空の要塞〟も、これを避けようとして編隊を崩す。

そこを狙ってジェット戦闘機メッサーシュミットMe262は、その名のツバメのごとく高速で接近三〇ミリ機関砲を連射し、次々とB－17を撃墜した。

二〇分ほどの空戦で、大型爆撃機一二機が撃墜された。さらに慌てて駆け付けたサンダーボルトも一機がその餌食となる。

これに対してMe262の損害は三機にすぎなかった。

この大戦争の最後の半年間に、ドイツは凄まじいほどの努力で、次のようなジェット軍用機を送り出す。

○メッサーシュミットMe262戦闘機シュツルムフォーゲル（海燕）

○ハインケルHe162戦闘機サラマンダー（火竜）

○アラドAr234攻撃機ブリッツ（電光）

またこれに加えて、ロケット戦闘機メサーシュミットMe163コメートも実戦に登場

第二次大戦中に初飛行しているジェット機

国名	機　　種	初飛行	備　　考
アメリカ	ベルP-59 エアラコメット	1942／10	飛行には成功 ただし量産されず
	ロッキードP-80 シューティングスター	1944／1	戦後に量産 練習機型はT-33
イギリス	グロスターE28	1941／4	研究機 2機製作
	グロスター・ ミーティア	1941／5	実戦に参加 戦後も量産
	デハビランド・ バンパイア	1943／9	戦後に量産 実戦に参加
ドイツ	ハインケルHe162 サラマンダー	1944／12	少数が実戦参加
	ハインケルHe280	1941／4	試作のみ ３点式車輪
	アラドAr234 ブリッツ	1943／6	少数が実戦参加
	メッサーシュミット Me262 シュツルムフォーゲル	1942／7	多数が実戦参加
	メッサーシュミット Me162 コメート	1941／8	ロケット機。少数が実戦に参加
日本	中島･橘花	1945／8	1回のみ飛行 特殊攻撃機

見事に無駄のないデザインのメッサーシュミットMe262シュツルムフォーゲル

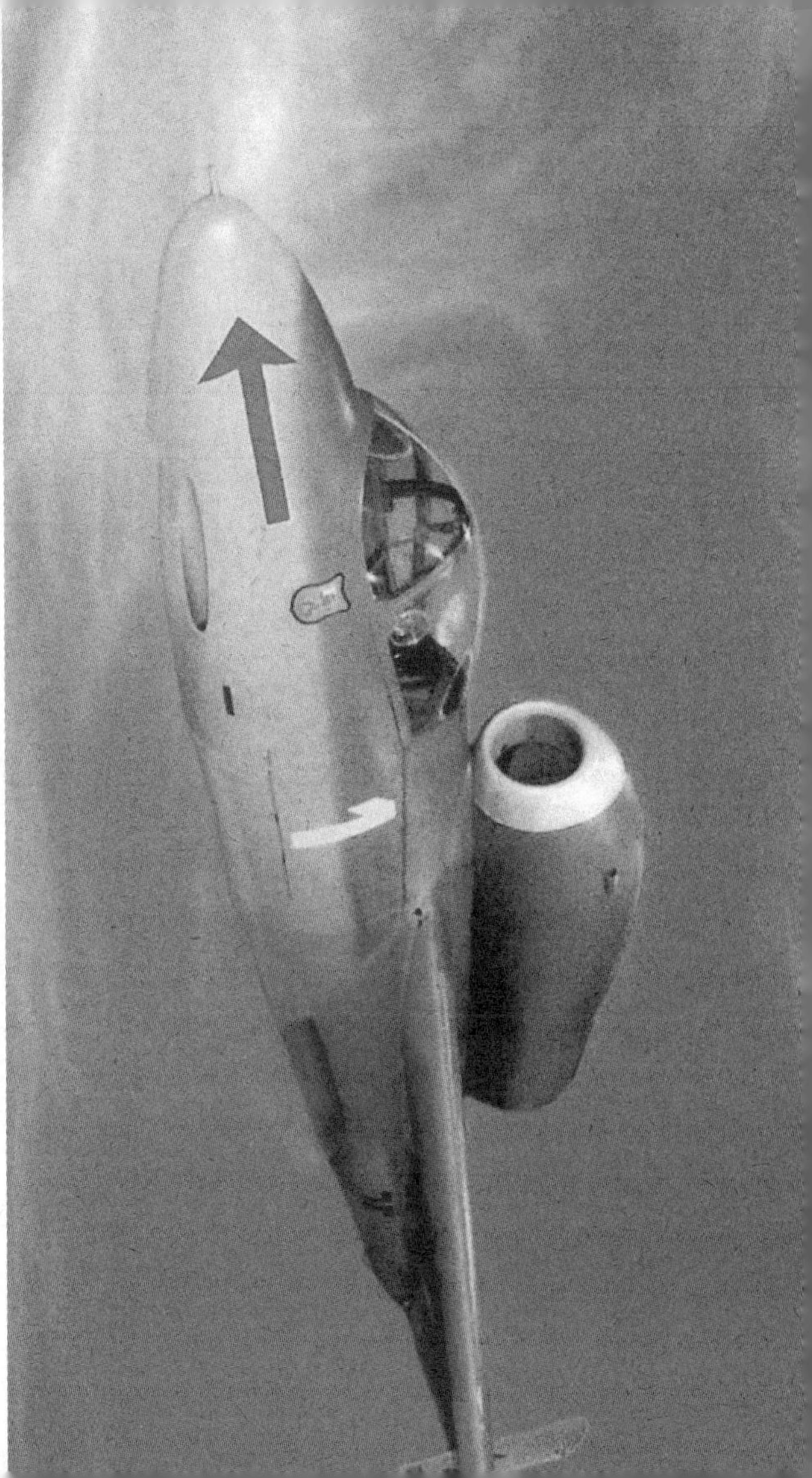

唯一の背負い式エンジンを装備したハインケルHe162サラマンダー

推力900キロのユモ004Bジェットエンジン

している。

まさに第二次世界大戦は、膨大な人命の喪失とともに、将来にわたり人類に寄与する新しい技術も生み出していたのであった。

レシプロエンジンとプロペラの組み合わせからなる航空機は、この頃大きく変身しようとしていた。

古くは噴進式と表現されたジェットエンジンは、いつごろから実用化されたのだろうか。この問いに関する正確な答えは難しい。そのためジェットエンジンを装備した航空機が、初めてフライトしたのがいつか、調べてみよう。

これは一九四一（昭和一六）年の四月、イギリス、ドイツでほぼ同じ時期であった。同じころ我が国では陸軍の一式戦隼が開発の最終段階を迎えていた。一方海軍では零式戦闘機の量産が軌道にのりつつあった。

この二種の戦闘機は、当時としては一流の性能を有していたと言えるが、陸海軍とも、ジェットエンジンへの知識など皆無に等しかった。

この事実を知るとき、やはり日本という国の技術、国力ともに、欧米と比較すると大きく後れをとっていたことがわかる。

さてドイツ最初のジェット機であるＨｅ280の後を継いで、登場したツバメの量産型は一九四二年の七月から生産が開始されている。エンジンはユモ004と呼ばれるもので、推力は九〇〇キロであった。当然初期こそ信頼性が十分でなく、稼働率も低かったが、必死の努力で短期間のうちに実用化、Ｍｅ262は続々と戦場に姿を見せる。

ドイツはユモと並行して、ＢＭＷ003型という全く別種のジェットエンジンも開発していて、技術の底力を連合軍に見せつけた。

さらにドイツ空軍は、海ツバメとは別の画期的な簡易型ジェット戦闘機を誕生させる。

先のリストにも載っている、ハインケルＨｅ162サラマンダー（火を吹く竜の意）である。本機はフォルクスイエーガー、つまり国民の戦闘機として、短期間で設計、試作に成功し、実に四〇〇〇機という大量生産が決定していた。

極めて小型の機体の上部に、推力八〇〇キロのＢＭＷ003ジェットエンジンを背負い式に装備していた。このため垂直尾翼はＨ型となっている。

また金属の不足から、胴体、主翼は木製であった。ルフトバッフェはこのサラマンダーに、グライダーの訓練を受けている青年をパイロットとして採用し、三ヵ月の訓練で迎撃に投入する計画であった。武装としては三〇ミリ機関砲二門を装備していた。

ただ戦争末期でもあり、一六〇機程度が完成しただけで、実戦に参加したのは一〇機前後に過ぎなかった。

また飛行の安定性に問題があったようで、大量に配備されたところでどれだけ戦力として役立ったのか、定かではない。

現在、欧米の博物館に数機が展示されている。

その頃ようやくイギリスでは、最初のジェット戦闘機グロスター・ミーティア（流れ星）の開発が終わり、少しずつ量産が始まった。

しかしそのエンジンであるロールスロイス・ウエランドの推力は、ユモより一五〇キロほど少なく、そのため最高速度はドイツ空軍のライバルと比べると二〇〇キロ近く遅かった。

また運動性能も充分ではなく、レシプロ戦闘機との空戦では不利と考えられた。この理由からミーティアのドイツ戦闘機との交戦は、まったくなかったと思われる。

任務は、もっぱら低空を進入する飛行爆弾Ｖ－１の迎撃であった。またＭｅ262、ミーティアはともに双発だが、エンジンの装着方法でもドイツ機が優れていた。

このように見ていくと、メッサーシュミットＭｅ262は、ルフトバッフェばかりではなく、第三帝国の最後の希望であったのかもしれない。

このジェット戦闘機に正面から太刀打ちできるのは、アメリカが全力をあげて開発を急いでいたロッキードP－80シューティングスターであった。

単発ながら非常に洗練された設計で、最大速度はMｅ262に匹敵するだけではなく、信頼性、実用性も充分であった。

しかし量産が本格化したのは、一九四五年の春からであるから、枢軸国との戦いには間に合わず、その活躍は五年後の朝鮮戦争であった。

さてシュツルムフォーゲルは、現在でも多くの航空ファンの関心を集めている。そのため五機が新たに造られ、フライトにも成功。このうち一機のみオリジナルエンジン、他の四機はアメリカ製エンジンを装備しているが、外観は見事にツバメそのままなのであった。加えてそのうちの一機は複座なので、もしかすると後席でフライトするという幸運も期待できるかもしれない。

第10話　日本と縁が深い航空機
——ロッキード14／18ファミリー

今回はまずクイズに近い話題から始めよう。バブル期に日本航空、全日空はアメリカから大量のボーイング747ジャンボ旅客機を購入し、世界を驚かせた。

それでは民間航空の黎明期から太平洋戦争の終戦までに、もっとも多数が輸入され、しかもそれらがたんなる技術的参考品としてではなく、日本国内で実際に使われた飛行機はどのような機種だったのだろう。

この問いにすぐにこの答えを出せるのは、相当に年季がいき、しかもある程度高齢な航空ファンであるに違いない。

それは一九三八年五月から、続々と日本に到着したロッキード18ロードスター旅客機である。全幅二〇メートル、全長一三・四メートル、R１８２０空冷八二〇馬力の双発で乗員二名、乗客一五名、一・五トンの貨物を乗せることができた。

本機は三〇機という多数が輸入されたが、これはたぶん日本に輸入された航空機の最大数だと思われる。このうちの二〇機は軍用輸送機として使われ、一〇機は国内の定期路線に就航した。

のちにロ式（ロッキード式）輸送機として、立川、川崎航空機で約一〇〇機が国産化されている。

このように日本とは、なんとも縁の深い飛行機なのである。

ロッキード18ロードスターは、その兄貴分にあたる14スーパーエクストラから発達した旅客／輸送機で、一五～一八の座席を持ち、現在で言うところのコミューターとして人気を博した。また当時の日本ではとうてい思いもよらないことだが、アメリカの大手企業の社用機として一〇〇機以上が民間に売られている。

また手ごろな大きさから間もなく軍用型の開発が始まった。民間機が軍用機に変身する例はいくつかみられるが、ロードスターの場合にそれはきわめて大規模なものとなる。

しかも多種多様のタイプが造られ、それに次々と軍用の記号が与えられたため、複雑を極める。

まず輸送機だが要人、患者輸送などによって、C（軍用輸送機の記号）－56、57、59、60、66、111型が生まれる。これに加えて先に紹介した社用機一〇〇機のうちから、太平洋戦争が始まると六〇機を徴用した。これに別なC記号を与えたため、外観が同じでありながら七種類のロードスターが現われた。

また戦争の足音が近づくにつれ、他の機種も絶え間なく造られる。

空軍としては攻撃機型がハドソンとして生まれ、A－28、29として合わせて七〇〇機が製造された。またのちにハドソン1～4型が大量に生産され、これはイギリスに引き渡された。しかしもともと旅客機とあって、主要な戦場には送られず、対潜哨戒の任務に就いている。

また海軍ではPBOつまり哨戒爆撃機としてこれまた多用され、複数のUボートの撃沈という戦果を記録した。

このさい、海軍もハドソンの名を使用したため、アメリカ空軍、海軍、海兵隊、イギリス海軍、オーストラリア海軍にハドソンが存在することになる。

これらはいずれも高性能機とは言えなかったが、信頼性が高く、使い易い大きさだったこともあり、続々と外観は似たような後継機が誕生する。

・ベガ社が生産を担当し、ローキード・ベガPVベンチェラ多用途機

原型となったロッキード18ロードスター軽旅客機

オーストラリア海軍のハドソン２哨戒爆撃機

本機は、強力な二〇〇〇馬力エンジンを装備し、対潜哨戒、攻撃、夜間戦闘機として活躍。どのような理由からか不明だが、PV－1とは呼ばれない。

・PV－2ハープーン多用機

ベンチュラの改良型で哨戒、攻撃型。就役が一九四五年初頭からで、主に北太平洋に配備。しかし日本軍の活動はすでになく、目立った活動はない。

このようにロッキード18ロードスターからいろいろな機種が誕生し、アジア、ヨーロッパでそれなりの成果を挙げている。その一方で、激しい戦いの続く戦場では生存性が問われている。

総生産数は、資料によって、かなりの差があるが、およそ六〇〇〇機前後とみられる。

最後にふたたび日本との関わり合いについて述べておく。

・一九四二年二月に行われた日本陸軍によるパレンバン空挺作戦において、一〇機のロ式輸送機がパラシュート降下を実施した。これらが輸入機なのか、国産機なのか不明である。

・日本海軍のエースである坂井三郎が同年七月、オーストラリアから飛来したと思われる双発、双尾翼の敵機を撃墜している。彼はこれをたんにロッキードとしているが、アメリカ軍のA－29、あるいはイギリス軍／オーストラリア軍のハドソン4であると思われる。

・戦後に至るとPV－2ハープーンは、対潜哨戒機として一七機が海上自衛隊に供与された。しかし老朽化がすすみ一九六一年に全機が退役している。

多数製造されただけに、この18ロードスターのファミリーはハドソン、ベンチュラ、ハープーンともいまだに一〇〇機以上がフライアブルな状態にあり、たとえばウィスコンシン州オシコシのEAAフライインエアショーに出向けば、十数機を見ることができる。この意味からはロッキード14／18は、充分傑作機と評価できるのかもしれない。

第11話　我々はヒマラヤを越える
——もっとも危険な輸送ルート

日本陸軍は昭和一二（一九三七）年から、中国大陸で二つの勢力と戦っていた。一つは当時八路軍と呼ばれていた共産軍、他の一つは蔣介石率いる右派国民党軍である。

太平洋戦争が勃発すると、アメリカは後者への支援を本格化するが、これは当然であった。国民党軍が日本軍と戦ってくれれば、それだけ自軍の負担が減るというわけである。

しかし実際には国民党軍への実質的な支援、補給は、簡単ではなかった。大陸沿岸のインド洋東部、太平洋は、日本海軍が完全に抑えていて、海路からの物資の搬入は不可能である。

したがってルートとしてはイギリスの支配下にあるインドのカルカッタまで船で運び、そこから鉄道でダッカを経由し地方都市アッサムまでの航程となる。

しかし問題はそこからであった。どうしても兵器、弾薬などの物資を目的地まで運びたいのだが、インド、ビルマ（当時）と中国の間には、東西に五〇〇〇キロにわたるヒマラヤ山脈が横たわっている。

最高八八〇〇メートル、比較的低い峠であっても標高六〇〇〇メートルの山越えをしなければならない。

このためアメリカはインドの協力を得て、ビルマルートと呼ばれることになる全長二〇〇〇キロ近い道路を建設した。

この完成は一九四二年の夏で、早速大量のトラックを使った輸送が始まったが、あまりに効率が悪く、運べる貨物も予想をはるかに下回る。

一方、アッサムから、中国奥地の成都を結ぶ航空路線の開拓がはじまる。

とくに新鋭爆撃機ボーイングB－29の開発が進み、成都を基地として日本本土への爆撃が決定されると、このルートは必須のものとなる。

このためまずダグラスC－47スカイトレインが集められ、ヒマラヤ越えの空輸が試みられた。

しかしスカイトレインでは、搭載量、上昇性能とも不足であった。試験飛行を実施してすぐにこれは不可能と判断され、より東の山脈を飛行する決定がなされた。

ところがこれまた思わぬ障害が現われた。このルートだと、ビルマのミートキーナを基地とする日本陸軍の一式戦隼の行動範囲と合致してしまうのである。この年の秋には、東ルートを飛行中のC－47の編隊が日本機に襲われ、一日に三機が撃墜されている。

このため計画の全面的な見直しとなり、より西側の山越え輸送を、新しい大型輸送機カーチスC－46コマンドを使用して実施することになる。

スカイトレインの二・五倍の搭載量を誇るコマンドは、大きな期待と共に一〇〇〇機が集結し、一九四四年の初頭から活躍し始める。

前述のとおりB－29の投入もあって、この山越え輸送はなんとしても実現しなければならなかった。

ところがヒマラヤ山脈の標高とその上空の厳しい気象は、高性能のコマンド輸送機をもってしても簡単ではなかった。

温度はマイナス五〇度以下まで下がり、七〇メートルを超す烈風が吹きすさぶ。し

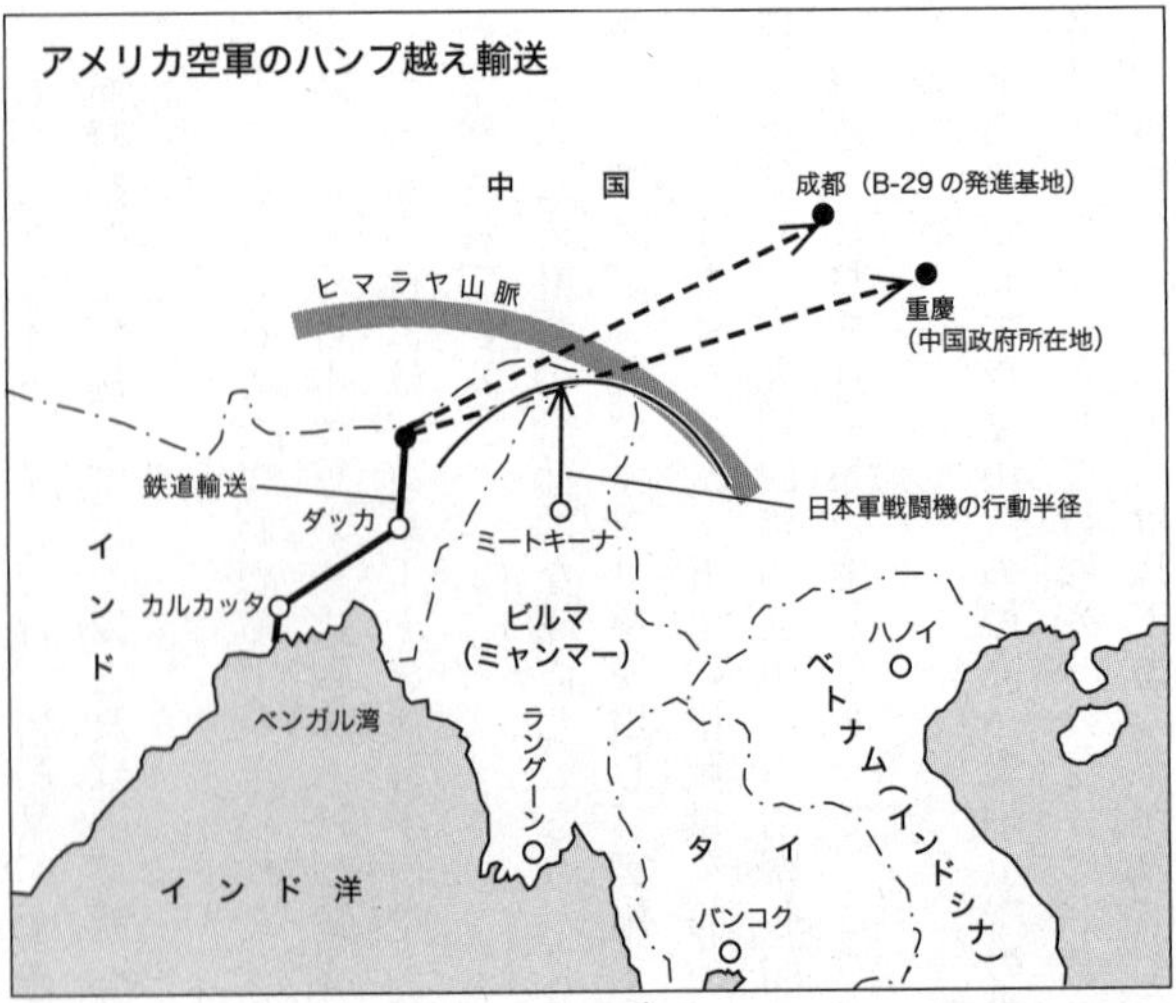
アメリカ空軍のハンプ越え輸送
中　国
成都（B-29の発進基地）
重慶
（中国政府所在地）
ヒマラヤ山脈
鉄道輸送
ダッカ
日本軍戦闘機の行動半径
ミートキーナ
インド
カルカッタ
ビルマ
（ミャンマー）
ハノイ
ベトナム（インドシナ）
ベンガル湾
ラングーン
タイ
インド洋
バンコク

上：輸送の主役カーチスC－46コマンド大型輸送機
下：C－46の機首に描かれた中国娘

かも山頂と飛行高度との差は、一〇〇〇メートルを切っていて非常に危険であった。

加えて延々と続くルート上は山岳地帯で、不時着用の飛行場も造ることができない。いったん故障でも起これば、即墜落に直結する。このようなことから、C－46の事故率は極めて高く、一部のパイロットは搭乗を拒否する騒ぎとなった。

また成都から日本本土を空襲するB－29一機の出撃のためには、爆弾、燃料、弾薬などを運ぶためにC－46の4回の飛行が必要であった。

コマンドの運用は一九四三年の秋から一九四五年九月まで続けられたが、この間の事故損失は五六〇機前後と言われている。

この状況から航空輸送の専門家は、「アッサムから成都まで、晴れてさえいれば航空図など必要ない、山岳地に墜落した残骸を上空から辿れば、楽に目的地にたどり着ける」という恐ろしい評価を下している。

それにしても戦時において危険に身を晒すのは、第一線で戦う兵士だけではない。地球上でもっとも過酷な空路を、何回となく往復し、祖国の勝利に貢献した輸送機のパイロットたちにも、兵士と同じ賞賛と敬意が表されるべきなのである。

彼らはのちに「我々はこぶ（瘤、ハンプ）を超えた」とこのフライトを表現している。ハンプとは、本当に小さな盛り上がりのことで、ヒマラヤ山脈は決して瘤などではない。しかしこの言葉の意味するところは、戦場から遠くはなれた場所にあっても、果敢に任務を遂行し、同様に、あるいはそれ以上に危険な飛行を成し遂げた男たちの誇りの表現なのである。

第12話　アメリカ民間航空界の実力
――恐ろしきサンダーマスタング

軍事航空、定期旅客航空などを除いても、アメリカの航空界の持つ力は無限である。人口が三分の一の日本と比較することなど、とうてい不可能である。

今回はウォーバースの自作と所有について、記していきたい。

ノースアメリカンP－51マスタングに代表されるウォーバーズ（この場合は第二次大戦機）を所有して、自由に乗り回し、時には仲間とともにこの種の航空機が集まるエアショーに参加することは、この国の男たちにとって大いなる夢である。

我が国では、もともとフライアブルな大戦機など皆無で、それらが中心のエアショーなど夢のまた夢でしかない。

海外の航空雑誌を見ていると、時折、ウォーバーズの売り物の広告が出ている。たとえばT－6テキサン練習機あたりだと、三〇〇〇万円位で程度の良いものが手に入る。

しかしこれがP－51、ロッキードP－38ライトニング、グラマンF6Fヘルキャットとなると三〇〇万ドル、つまり四億円以上する。

だいぶ前にニュージーランド在住の日本人I氏が、多大な努力の末に購入した零戦二二型は、三億八〇〇〇万円とのことである。

これだけの価格、そしてその後の維持を考えると、所得の高いアメリカ人であっても、簡単に買うことはできない。

しかしどうしてもセスナ、パイパーといった軽飛行機ではもの足らず、例えスケールダウンしたものであっても、ウォーバードを手に入れて自身で飛びたい。

このような人々のために、アメリカ、イギリス、英連邦の国々では、幾つかのキットが販売されている。

機種としてはやはりマスタング、スーパーマリン・スピットファイアが多い。

一般的には実物の七五パーセントのサイズで、キットは三～五万ドルである。

それらの販売会社として大手は、タイタン・エアクラフトであろうか。

キットは金属と木材で骨組みを作り、汎用エンジンを取り付け、FRPの外板を張り付けていく。一般的にはエンジンの購入費を含めて一〇万ドル前後で完成する。写真からもわかるとおり、機体に比較してパイロットがかなり大きく見えることを除けば、まさにマスタングそのものである。プロペラも四枚で、実物と同じ。

基本となるエンジンは、ロタックス社の四気筒一〇〇馬力が標準となっている。このマスタングは、タイタンT－51（Pではない）と呼ばれている。

これだけでも十分にウォーバーズの雰囲気を楽しめるが、アメリカの航空界は驚くべきマスタングを誕生させている。

これは〝大戦機とは別の大戦機〟と表現しても良いほどの完成度なのである。サンダーマスタング（thundermustang）と呼ばれこれもキット販売されているが、価格は三〇万ドルで、このなかには組み立てのさいの、専門家によるアドバイス料も含まれている。もちろん全金属製で、サイズとしては八分の七となっている。ただし飛ばすまでには、実質的に倍の費用がかかるはずである。

エンジンはパッカード・マーリンとおなじV一二気筒で液冷、出力は六四〇馬力である。このエンジンは、乗用車シボレーのブロック（たぶん少し前のスポーツカーコルベットのもの）をそのまま利用している。

もともとは、リノのエアレースに出場するレーサーのエンジンのチューニングを受

実機の75パーセントスケールのT－51マスタング

こちらも４分の３の第一次大戦機ソッピース・キャメル

ロタックスエンジン付きの4分の3スピットファイアの機首部分

け持っていたライアン・ファルコナー社が、サンダーマスタングのために年に数台生産しているとのこと。そしてこれまでに約四〇機が、新しく誕生した。

アメリカ、ニュージーランドで、この機体をかなり詳しくみることができたが、あらゆる部分が、大手メーカーの製造技術と同等の仕上がりであった。それ以上に驚かされたのが、フライトのさいの性能である。

同時に飛行した本物のマスタングを、はるかに凌駕する場面もあった。キットの販売元から提供されているデータを見ると、それも当然である。

本物は一六〇〇馬力エンジン付きで、自重は三三〇〇キログラム、サンダーのエンジンは六四〇馬力だが、わずか三九〇キロなのである。

この数字をもとに馬力重量比、翼面馬力、翼面荷重などを計算すれば、総合的な性能は数段サンダーが勝っていることがわかろう。

なにしろ我が国の軽自動車に六四〇馬力のエンジンが載っているのだから……。

実際に、ウォーバードパイロットにサンダーの評価を尋ねてみると、「あいつ（サンダー）の方が素晴らしいので、オーナーに交換しないか、と言ってみたが、軽く断わられた」と話してくれた。

このサンダーマスタングほど、アメリカの自作機のレベルを如実に示している航空機は他に存在しない。

また連邦航空局ＦＡＡも、この機体の飛行を認めていること自体が素晴らしい。自作機協会ＥＡＡと相談しながら認可したことは間違いないが、それにしても他の国ではこれほどの高性能とあっては二の足を踏むであろう。

アメリカはいろいろ問題を内包する国であるが、こと飛行機に関する限りは、限りなく自由で、国家が全力を挙げて航空関係者、それが例えアマチュアであっても、応援する気構えを持っている。この点を、エアショーを見学するたびに痛感させられるのであった。

第13話　二〇〇万人のベルリン市民を救え
――世紀のビッグリフト作戦

第二次世界大戦を同じ側で戦った米英とソ連。しかし勝利を獲得し、ドイツ第三帝国の消滅を目の当たりにすると、すぐに深刻な対立となる。

どのように考えても、資本・自由主義と全体・社会主義が相容れるわけはなく、一九四八年には戦争の一歩手前という状態になる。

とくにその原因は、ドイツの首都ベルリンに関するものであった。ドイツは東西に分割され、なかでもベルリンの西側が管理する地域（西ベルリン）は、東の支配の中で大海の小島のごとく存在していた。

三本の道路、同じく三本の鉄道、そして二本の運河が、西ベルリンと自由主義社会を結んでいたが、ソ連は一九四八年六月二四日、突然にこのすべての封鎖を宣言する。

さすがに空路はこれまでどおり往来できた。ここまで遮断すれば、即第三次世界大戦になると、ソ連政府も考えたのであろう。

それにしても二〇〇万人の市民が残る西ベルリンに対する封鎖は、西側世界の人々を憤激させた。アメリカはイギリスの協力を得て、航空輸送力を駆使し、市民生活を維持するべく動き出した。

史上最大の空からの救援作戦〝BIG LIFT〟の発動である。

この一年前、アメリカは非常時の空輸の能力を拡大するため、MATSという組織を立ち上げていた。MATSとは軍事航空輸送システムの頭文字であった。

この作戦行動ではまず一〇〇機のダグラスC－47スカイトレイン／DC－3およびロッキードC－69コンステレーション輸送機を集め、テンポルホフ、ガトウの両空港に物資を送り始める。

二〇〇万人の必要量は、最低でも一日あたり一五〇〇トン、冬には暖房用の石炭もあって三〇〇〇トンである。

しかしまもなくスカイトレインの搭載量では不足であると判断され、新鋭の大型輸送機ダグラスC－54スカイマスター（民間名はDC－4）を集中させる。

スカイトレインの後継機として一九四二年三月に初飛行したこの四発機は、一三〇〇馬力のエンジンを備え、信頼性に富み、一九四四年からはアメリカ軍の航空輸送の中核となる。搭載量はC－47の二・五倍もあり、ベルリン空路に投入されると大いに活躍する。

最終的にスカイマスターは四〇〇機に達し、輸送量の九〇パーセントを担当した。

これ以外にはコンソリデーテッドB－24リベレーター爆撃機の輸送機型C－82、アブロ・ランカスターの輸送機型ヨークなども使われている。

アメリカはこのC－54機を実に一〇〇〇機以上生産した。これに対して大戦中の日本は、四発輸送機の保有など皆無で、ここにも国力の差はあきらかであった。

さてスカイマスターはある意味、画期的な輸送機とも言い得る。事故、故障の発生率は、アメリカの保有する軍用機のなかで最も低く、この信頼性から同国で初めての大統領専用機にも選ばれた。この機体は〝セイクリード・カウ　聖なる牛〟と呼ばれ、永く使用されることになる。

またC－54は旅客機としても自由主義諸国で広く使われた。我が国でも六機が新たに蘇った日本航空の定期航路に就航し、十勝号など広く国民に親しまれた。

さてビッグリフトは半年もすると、飛躍的に輸送量を増加させた。この理由はまず新たにテーゲル飛行場が開設されたこと、スカイマスターの取り扱いに慣れてきたこ

ビッグリフトの初期には80機のC－47が活躍した

オランダ空軍の所有する、現在でもフライアブルなＣ－54

と、後述するが航空輸送に関する管制技術が進歩したことである。

テーゲル空港は、市民たちの努力で最初から二本の滑走路を使用できた。

またスカイマスターは機内に貨物移動用の天井クレーンを装備したことが、運航効率の向上に貢献したのである。

これにより天候に恵まれれば、MATSは最大七七〇〇トンを一日に搬入できるまでになった。

最後にこのビッグリフトが、大型機の連続的な運用技術に革新をもたらした点を考慮すべきである。

ある程度悪天候でも着陸を地上から支援できるシステムGCA、初歩的ながら大きな効果が期待できた計器着陸装置ILS、そして全般的な管理に当たるATCなど。

これらはいずれも軍事輸送のために開発されたが、同時に民間機、とくに旅客機の運航に大きな進歩を促したのであった。

ベルリン空輸という大作戦から七〇年、現在の定期航空の発展の基礎は、この時に築かれたといっても過言ではない。

ビッグリフトの飛行回数は実に二八万回、輸送量は二三四万トンに上るが、その一方で事故を起こした航空機二五機、一〇〇人が死亡という事実も残った。

ところで一九四九年五月、これまた突然にソ連は封鎖の解除を通告してきた。この理由ははっきりしないが、空輸作業が順調に行なわれ、封鎖の意味がなくなったからと考えられる。さらに封鎖を続ければ、アメリカは優勢な海軍力を行使して、北海、極東、黒海におけるソ連の港湾の封鎖をほのめかしはじめていた。

当時にあってソ連の海軍力は皆無に近く、この措置に関しては全く対抗手段がなかった。

このように見ていくと、国際政治はすべてについて〝力の維持〟というものが後ろ盾になっている事実がわかろうというものである。

このベルリン封鎖の後、東西の対立は決定的なものになり、それは半世紀にわたって続けられるのである。

第14話　打たれ弱いハードパンチャー
――ガンシップの防御力

本来〝ガンシップ〟とは、沿岸砲撃用の小型軍艦を指している。大国がこの種の軍艦を複数派遣し、小国に無理な要求を突き付けることを〝砲艦外交〟という。

しかし時代と共に砲艦の呼び名が過去のものになり、代わって世界中でもアメリカ空軍のみが運用する特異な航空機をこのように呼ぶことになった。

日本語の訳はないようで、ここではそのままGUNSHIPと記す。

無理に定義すれば、〝輸送機から発達した重武装の地上攻撃専用機〟だろう。

登場したのはベトナム戦争が激しくなった一九六五年で、当時解放戦線軍が戦力を増強し始めていた。また裏では北ベトナムが、ラオス国内を通るホーチミンルート（ホーチミントレイル）を使って大量の武器、弾薬、食糧を南領内に送り込んでいた。

これを阻止する目的から、南ベトナム政府を支援するアメリカ軍は、それまでどの戦場にも現れたことのない輸送機改造の攻撃機を誕生させた。

すでに旧式化されているダグラスC－47スカイトレインに、一〇梃の七・六二ミリ機関銃を搭載、低空からゲリラ部隊を掃射する。

この場合、他の攻撃機のように直線飛行しながら攻撃するのではなく、旋回しながら機体の左側のみに装備された機関銃を発射するのである。

したがって前方、右側に向けては、攻撃できない。

繰り返すが、ガンシップは左旋回を続けながら、輪を描いて飛行しながら射撃する。

なぜ左側か、という理由は、固定翼機では機長席が左にあるからである。

この新しい攻撃方法は、一〇梃の機関銃の弾丸が一点に集中されるため極めて効果的であった。C－47は攻撃機としてAC－47となり、スプーキー（お化け）というニックネームが与えられている。

その後二年で改造されたこのタイプは、五三機も造られている。

また古いC－47が不足し始めると、次はフェアチャイルドC－119パケット輸送機に白羽の矢が立った。

双発双胴の特徴的な外観をもつパケットには、シャドー（影）、あるいはスティンガー（昆虫の針）という名で呼ばれ、武装は機関銃ミニガン四梃、二〇ミリ機関砲二～四門と強化された。

シャドーは一九六八年初頭から投入され、折から開始された共産勢力のテト攻勢のさい、おおいに威力を発揮した。

ホーチミンルートへの攻撃では、一夜に三〇台以上のトラックを破壊したこともある。また製造機数は、スプーキーとほぼ同様の五二機であった。

一方、ガンシップにより大きな損害を出してしまった解放戦線、北ベトナム軍は、まもなく対抗策を編み出した。

これは森林の一角に破壊されてはいるが、原型をとどめているトラックを数台ならべ囮とする。周囲の見えにくい場所に対空機銃を隠し、現われたガンシップを撃墜するという戦術である。

一九六八年の夏には、これにより合わせて四機のＡＣ－47、ＡＣ－119が失われた。このレシプロエンジン付きの二機種は比較的低速で、しかも一〇〇〇メートル前後の低空を旋回し続けることもあって、絶好の標的となった。

そのため一九七三年の暮から、より本格的なガンシップが造られた。

これは大型ターボプロップ四発のロッキードＣ－130ハーキュリーズを改造したもの

上：30機が在籍しているAC－130
スペクター特殊攻撃機
下：恐ろしい攻撃力を有する亡霊がスペクターである

上：消焔器付きの105ミリ榴弾砲
下：こちらは25ミリ・チェインガン

である。

馬力、スペースに余裕があるため、各部に装甲板が取り付けられ、武装も当然強化される。平均的に一〇五ミリ榴弾砲一門、二〇ないし四〇ミリ砲二～四門と戦車以上に強力であった。

本機のニックネームはスペクター（亡霊、幽霊、恐ろしいもの）で、四七機が製造されAC-130となった。

この機体の内部を見ると、所狭しと防弾板が貼り付けられ、さらに乗員保護のクッションが設置されている。

一〇五ミリ、四〇ミリ砲の砲身は長いので、飛行中にも胴体から突き出している。さらに最新型では、二種の大砲の発射速度が向上、暗視装置と組み合わされて、高威力となっている。またこれによりAC-47、AC-119では一〇〇〇～一五〇〇メートルであった攻撃時の高度が、二倍に引き上げられた。

スペクターの活躍は一九九一年の湾岸戦争、二〇〇三年のイラク戦争、その後のボスニア紛争でも幾度となく発揮された。

しかしその反面、いくら抗たん性を高めたところで、もともと輸送機であるので限界がある。

交戦する相手が大口径の対空火器、あるいは対空ミサイルを持っていれば、その前にはやはり脆弱なのである。

湾岸戦争ではイラクの機甲部隊を攻撃中のスペクターが撃墜され、乗員は全員戦死してしまった。

それにしてもアメリカ空軍は、相変わらずＡＣ－130を維持し続け、現在でも三〇機が現役である。また最近では中国空軍も、シャンシー運輸８（Ｙ－８）型を発展させたガンシップの製造と配備に着手している。

この状況をどのように判断したら良いのだろうか。たしかに攻撃機、攻撃ヘリと比べて、長距離侵攻が可能で戦場上空での滞空時間が数段長い、という利点を高く評価しているのであろう。そう考えると、この機種は今後も長く在籍するものと推測される。

第15話　史上唯一のデビュー
――ロケット戦闘機の実戦登場

日本海軍がアメリカ海軍太平洋艦隊の基地真珠湾を攻撃する四ヵ月前、ドイツ空軍の無尾翼機が轟音と共に地を離れ、数分のうちに視界から消え去って行った。

これこそ航空史上唯一の、実用ロケット戦闘機であるメッサーシュミットMe163コメート（流星）のデビューである。

一九四一年夏という時期から考えると、当時のドイツの航空技術は、間違いなく世界の最先端を走っていた。

このコメートはもともとこの国の滑空機（グライダー）研究所と技術者M・リッピシュが開発していたもので、全幅九・二メートル、全長五・三メートルという小柄な機体に、推力八五〇キロ、のちには二トンのロケットエンジンを搭載するものである。

ロケットの場合、大推力の代償として燃焼時間が極めて短くなり、当然、侵攻用ではなく米英の大型爆撃機の迎撃が任務となる。

テストを開始して間もなく、最高速度は一〇〇〇キロ／時を超えたが、これは航空機として史上初めての快挙であった。

実際、爆撃機を攻撃するさいの速度は八五〇キロ／時で、連合軍側のどの戦闘機よりも一〇〇キロ以上速い。

しかし前述のごとく、飛行時間、航続距離は信じられないほど短かった。ロケットを噴射して離陸し、三分ほどで一万メートルまで上昇。ここでエンジンは停止、あとはグライダーとして滑空し襲いかかる。攻撃の機会は一度だけ、運が良ければさらにもう一度可能。これでは撃墜のチャンスは少なかった。

ということは否応なく操縦士に高い技量が要求される。

そして攻撃を終えて着陸するまで五〜六分。したがって飛行時間は一〇分前後である。航続距離は、迎撃する戦闘行動半径で表わされ、二〇キロにすぎなかった。それにしても一万メートルの高度までわずか三分とは、驚異的な上昇力であった。その反面半径二〇キロはあまりにも短すぎる。

さらにこのロケット戦闘機は、離着陸に関し独特のシステムを持っていた。

まず離陸は、自身の車輪を持たず、ドーリーとよばれる二輪の台車によってなされる。機体が地面を離れると、これは放棄される。

着陸は胴体から引き出される小さな橇で行なわれるから、自力では滑走することができない。

基地に戻ってきたときには、滑走路の上で動けないことになる。これはのちに大きな欠点となるが、最後まで変更されないままであった。

この橇／スキッドによる着陸は、方向制御が効かないため極めて危険という他はない。

もう一つの問題は、ワルターHKW509と呼ばれるロケットエンジンにあった。このエンジンは、C液過酸化水素とT液酸化ヒドラジンメタノールを混合させて推力を発生させている。このC液、T液ともに毒性、爆発性の高い性質を有し、危険な化学物質であるから、取扱いには最大の注意を要する。

このような状況から、Me163の運用に関しては多くの事故が発生し、この場合、操縦士の人命も失われた。コメートに関し、もっとも多くの経験をもつM・ツイグラーの手記（ロケットファイター）を読むと、事故の凄まじさがわかる。

一例として、着陸の時、残存燃料が爆発したりすると、パイロットの身体はほとん

メッサーシュミットMe163コメート

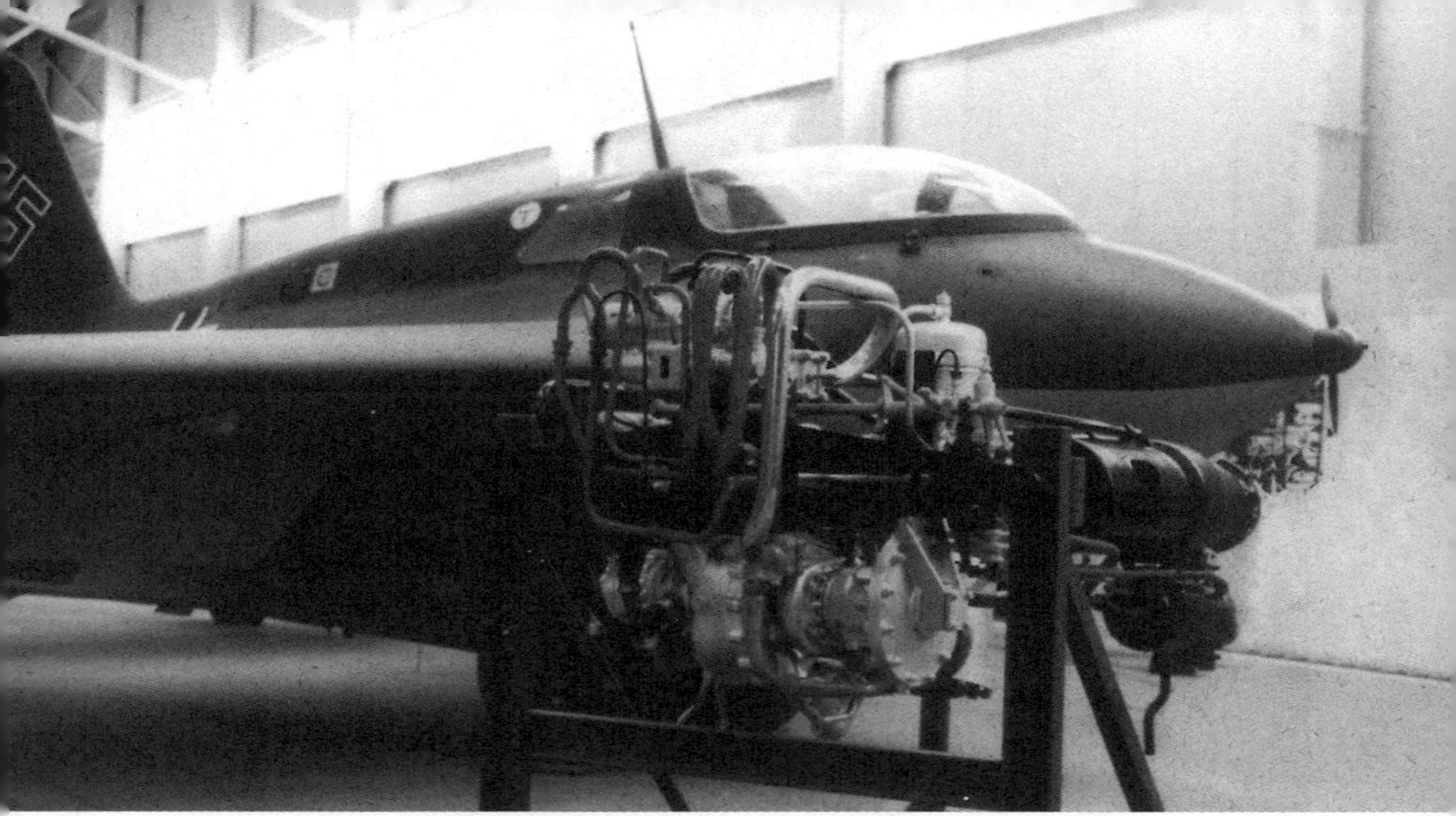

機体の手前に置かれたワルター509型ロケットエンジン

引き込み式の着陸用そり

フランスの複合ロケット戦闘機トリダン。試作のみで終わっている

ど形が残らないような悲惨な状況となった。

このような事実から、失われたコメートの大部分が、戦闘ではなく事故によるとされている。

それでは実戦における実績はどのようなものだったのだろう。ともかく投入された時期が敗戦まぢかであったため、正確な記録は残っていない。

一応の目安として製造数は四〇〇機、作戦基地フェンロー、ウィットハンドファーフェンに送られたのは合わせて一〇〇機程度か。

実際に戦闘に参加したのは、のべ四〇機、戦果は一桁のボーイングB－17フライングフォートレス四発爆撃機の撃墜と推測される。

実際、上方から高速でB－17編隊に襲いかかるコメートの姿が、アメリカ空軍の撮影した記録フィルムに残されている。

空中戦においては、このロケット戦闘機を阻止する有効な手段が見当たらず、アメリカの爆撃機は、先に記した二つの基地を避けて飛行した。

わずか四、五〇キロ離れれば、コメートの迎撃はなかったからである。

また速度の点で追いつくことが不可能であることを知ったアメリカ側の戦闘機P－47サンダーボルト、P－51マスタングは、敵機の着陸を待って攻撃した。

滑走路上で停止しているので、その破壊は容易であった。

それにしても兵器として見た場合、Ｍｅ163はあまりに使いにくかった。

なにしろ取扱い自体が、大変危険で事故率も極めて高い。

設計者、メーカーともこの事実には早い段階で気づいていたはずである。それにもかかわらず実用化したのは、ドイツの技術者特有の、広義のコストパフォーマンス無視が原因ではなかっただろうか。

我が国も潜水艦でドイツから運ばれてきた資料をもとに、Ｍｅ163の国産化に取り組んだ。これが一度だけ飛行したＪ８Ｍ１秋水である。

本機は初飛行で墜落し、直後に終戦となった。現在、地中から掘り出された一機が、レストアされ、日本の生みの親である三菱の展示室で、静かに眠っている。

さて最後になってしまったが、航空史上にコメート以外のロケット戦闘機は存在したのであろうか。

純粋なロケット機は他に皆無と言って良いが、ロケットエンジン＋ジェットエンジンを装備した複合戦闘機となると、フランスのＳＮＣＡＳＯのシュド・ウエスト社のトリダン迎撃機が挙げられる。

一九五三年三月に初飛行したこの複合機は、極めて高性能で速力はマッハ一・八、上昇限度は実に二万メートルとなっていた。一二機が製造され、一〇〇回以上の試験飛行が実施されたものの、やはり取り扱いがあまりに複雑という理由から量産、配備されないまま消えていった。このあと実験機を除いて、ロケット戦闘機が再び現われることはなかったのである。

第16話　なぜこれほど増殖したのか
——マスタングが搭載したエンジンの秘密

第二次世界大戦の後半に、ヨーロッパ戦線ではドイツに、太平洋戦線では日本本土に大挙進攻して、制空権を把握したノースアメリカンＰ－51マスタング戦闘機。流麗なスタイルそのままに、性能は極めて高く、日独の戦闘機を圧倒した。そのうえ五年後の朝鮮戦争では、最大五〇〇機が、今度は地上攻撃機として共産軍に痛打を与えている。

それから七〇年以上も経た現在でも、この野生馬は多くの航空ショーで姿を見せ、観客を喜ばせている。

アメリカ、イギリス、オーストラリア、カナダ、そしてニュージーランドのショーでは、必ずといって良いほど複数のＰ－51が元気にフライトする。

これらのことからフライアブルなマスタングは、どれだけの数存在するのであろうか。

数年前のEAAフライイン（アメリカ試作機協会のエアショー、ウィスコンシン州）では、五十数機が集結、大空に〝51〟という人文字ならぬ飛行機文字？　を描いた。また海外の航空雑誌を見ていると、いまだに年二、三機の割合で、新しい機体が登場しているが、これはいったいなぜなのか、気になってしまう。

そこで本稿では、〝なぜこれほど増殖したのか〟その原因を探ってみよう。

現在、飛行可能な数を正確に知ることは難しい。国ごとに把握しにくいだけではなく、整備の状態、事故による抹消、新規の登録など流動的であるからである。

大雑把にいって世界を見渡せば、一七〇機前後とみられる。これは同じメーカーから生まれたT－6テキサン練習機などを除けば、ウォーバーズとして圧倒的な数字であろう。

続くのは多分、スーパーマリン・スピットファイアで、これが七〇機といったところか。

さてマスタングは第二次大戦中に一万二四〇〇機、スピットは二万三〇〇〇機も大量に生産された。

この二種の高性能戦闘機は、いずれもロールスロイス製マーリンエンジンを装備している。それだけではなく、大戦中のイギリス機のほとんどが液冷エンジン機はすべてマーリンなのである。なおこの名はチョウゲンボウという猛禽類に由来する。

良く知られている機種のみを掲げてもホーカー・ハリケーン戦闘機（一万四〇〇〇機製造）、アブロ・ランカスター四発爆撃機（八八〇〇機）、デハビランド・モスキート双発多用途機（八六〇〇機）など、その数は軽く七万台を超えている。

V型一二気筒、オーバーヘッドカムシャフトで馬力は一〇〇〇馬力から二〇〇〇馬力。後期型からは排気タービン付きである。

このマーリンエンジンについては、アメリカが製造権を得て、パッカード社が数万台製造した。このように見ていくと、総数は飛行機用のみを数えて一五万台に達しているはずである。

マスタングは、このアメリカ製マーリンを装備しているのであった。

これだけの数のエンジンが製造されれば、交換部品、補機類も豊富に用意されているから、供給に困ることはない。しかし話はまだこれだけでは終わらない。

戦時中に製造されたイギリス陸軍の戦車チャリオット、チャレンジャーなどいずれも出力は抑えられているが、エンジンはマーリンなのである。これらの戦車はいずれ

今も170機前後がフライアブルな野生馬

V型12気筒のロールスロイス・マーリンエンジン

いずれも初期型で手前がB型、　後方が対地攻撃用のA型のアパッチである

同じマーリンエンジンを装備したセンチュリオン戦車

も一万台近くも造られている。

この状況は、戦後になっても続く。永く同国の主力戦車であったセンチュリオンはミーティアと呼ばれるエンジンを装備しているが、これまた改良型のマーリンである。センチュリオンはイギリス連邦諸国にも供与されているから、製造数は2万台前後であろう。このように見ていくと、マーリンの総数は、少なく見積もっても四〇万台といったところと思われる。

それにしても航空用エンジンをディチューン（用途によって出力を落とす）して、戦車に搭載するなど、当時の我が国では思いもよらなかった。

イギリスでマーリンの製造は一九七〇年代に終了している。それにしてもエンジン本体、部品、補機の類は山ほど残されているはずである。

ところがアメリカにおいては、このエンジン（パッカード・マーリン）の生産はつい最近まで行われていた。

台数としては年間一〇〇台程度だと思われるのだが、この理由は無制限（エンジンの排気量）クラスのハイドロプレーンレースに使うためのものである。

プレーンの名がついていても、これはモーターボートの一種で、魚のエイ、あるいはかぶと蟹に似た滑走艇である。マーリンエンジンにより二〇〇キロ以上の速度で突っ走る。このクラスのレースが行なわれているのは、世界でもアメリカだけである。

この凄まじいボートレースは、主としてシアトルの祭り、シーフェアなどで開催されている。

このように需要はいくらでもあって、マスタングは一七〇という数を持ち、今後たぶん一〇〇年をすぎても飛び続けるだろう。さらにテキサス州には、P－51の複座型を使った本機専用の飛行学校まで存在している。もちろん同じエンジン付きのスピットファイアも同様であって、我々大戦機ファンを楽しませてくれているのであった。

第17話　爆装零戦通用せず
――昭和一九年六月一九〜二〇日　マリアナ沖海戦

航空母艦一五、戦艦七隻を中心とするアメリカ海軍の大艦隊が、サイパン、テニアン、グアムなどからなるマリアナ諸島に接近しつつあった。これらの島々がアメリカ軍の手中に落ちれば、B－29爆撃機を使った東京など日本本土への空襲は時間の問題となる。そのため日本海軍は、空母九、戦艦五隻など、全力をあげて迎撃態勢をとった。

投入可能な航空機は、アメリカ側一二〇〇機（すべて艦載）、日本側九〇〇機（艦載と陸上基地）で、差はあるものの一応拮抗していた。

両軍合わせて二四隻の航空母艦が激突するような戦闘は空前絶後で、また将来もあり得ないほどの大戦力である。

日本側は二年前のミッドウェー海戦の失敗を反省し、索敵機を十分に活用していた。

これは見事に成功、アメリカ側が日本軍の位置を把握するより前に発見していた。

そして四次にわたる艦載機の大編隊を、四〇〇キロ離れているアメリカ艦隊に向けて発進させる。ここまでは日本側にとって理想的な体勢であった。

誰もが自軍の圧倒的な勝利を疑わなかったに違いない。

しかし実情は全く異なっていた。まず前日にサイパンなどの基地がアメリカ空母機の攻撃を受け、ここに待機していた航空部隊は壊滅的な打撃を受けていた。二〇〇機近くが破壊され、対空砲が撃墜したのは一〇機前後に過ぎなかった。

またアメリカ軍は、自軍の偵察機が、日本艦隊を発見できずにいると、短時間のうちに戦略を練り直す。

攻撃に次ぐ攻撃という計画を、まず防御優先、その後の反撃に切り替えたのである。強力な新型戦闘機グラマンF6Fヘルキャット四〇〇機を、レーダーの支援を受け、艦隊の前方二〇〇キロに配備し、日本編隊が接近するのを待ちかまえていた。

日本側の攻撃隊はのべ三七〇機で約半数が零戦、残りが古い九九式爆撃機、九七式攻撃機、これに新型の彗星爆撃機、天山攻撃機であった。

この攻撃のさいの零戦隊は、これまでとは全く違った編成になっていた。

爆撃機、攻撃機の掩護を担当するのが半数で、残りは二五〇キロ爆弾を抱いた戦闘爆撃機となっていた。これを海軍では〝爆装零戦〟と呼んでいたが、機数は一一〇機である。

期待通りに進めば、この爆戦は敵の防御陣を突破し、爆弾を敵艦に命中させる。そのあと身軽になり、本来の任務たる攻撃隊のエスコートに戻る。

これまで日本海軍は、戦闘爆撃機を使った経験はほとんどなかったにもかかわらず上層部は乾坤一擲という大海戦で、この戦術を採用したのであった。

前述のとおり日本側は機動部隊同士の戦いで、理想通りの体勢に持ち込んでいた。先に敵艦隊を発見し、なんの妨害もないまますべての航空機を、それに向けて発進させることができた。

しかしこの後の状況は最悪だった。攻撃隊は上空で待ち受けるヘルキャットの大群に襲われ、撃墜されるものが続出した。アメリカ側は戦闘機のみで四〇〇機、これに対抗できる零戦は一三〇機前後で、爆装零戦は攻撃隊の掩護には役立たない。しかし旧式化している零戦に対し、F6Fはこれが初陣の高性能機である。エンジンの出力を比較しても一〇〇〇馬力対二〇〇〇馬力で、このヘルキャットがレーダーに誘導されて有利な位置から攻撃してくる。

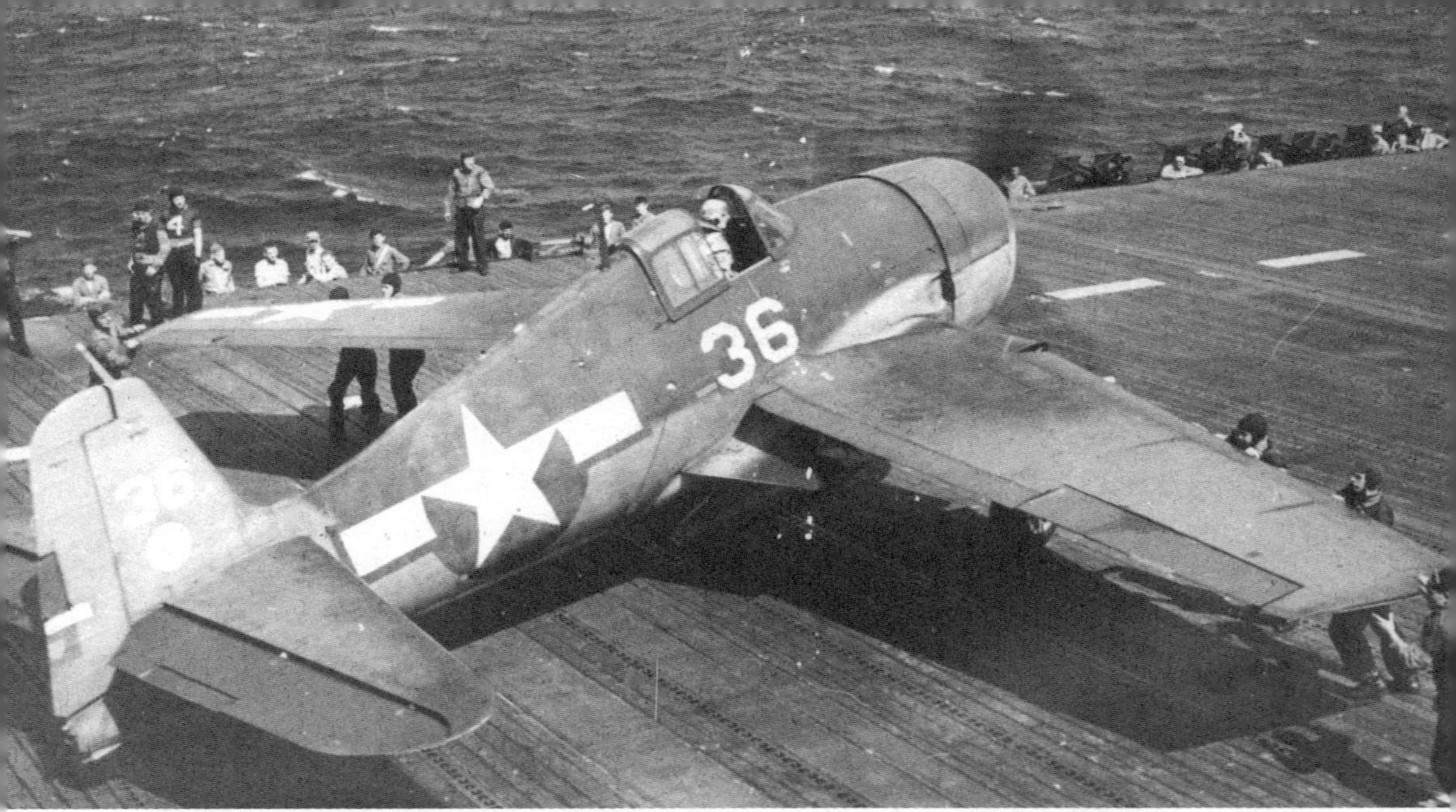

400機が迎撃した新鋭のグラマンF6Fヘルキャット。写真はマリアナ沖海戦における米空母ホーネット上の同機

アメリカ戦艦アイオワのレーダーと
ボクォース対空砲

この空戦で日本側は合わせて三〇〇機近くを撃墜され、アメリカ側の損害は二〇機足らずであった。これをのちにアメリカ側は〝マリアナの七面鳥狩り〟と呼んでいる。

それでも残った日本機がアメリカの艦船を爆撃し、数隻に損害を与えた。しかしいずれも被害は小さく、沈んだものは皆無であった。

また空戦の場から逃れた日本機は、グアム島の基地への帰還を目指した。

ようやくたどり着いたが、その上空にはこれまたグラマンの一隊が待ち構えていた。

結局、日本側の航空部隊はほぼ全滅、九隻の空母のうち三隻が潜水艦、航空機に撃沈されている。

他方アメリカ側の損害は艦船数隻が小破、航空機は空戦、対空砲火で三〇～四〇機が失われた。加えてその他、燃料不足、急速に迫っていた暗闇により空母に帰還できず八〇機が失われた。

それにしても日本海軍が、これほどの大敗となった原因はどこにあるのだろうか。

一口で言ってしまえば、全ての面でアメリカ側が圧倒的な戦力、技術力を持ち、もはや日本軍など歯牙にかけなかったという事実である。新型戦闘機、強力な対空砲とレーダー、CICとよばれる戦闘管制室の存在、充分な訓練を受けたパイロット、潜水艦などの支援体制など、どれも日本側には存在しないものであった。

上層部が、たんなる思いつきから生み出した爆装零戦など、何の役にも立たなかっただけではなく、自軍の掩護の戦力を大幅に減少させてしまった。それまで零戦を、爆撃に使用したことが一度でもあったのだろうか。

冷静に考えれば、このマリアナ沖海戦に惨敗し、サイパン、テニアンなどの島々を失った時点で、大日本帝国は和平の道を探るべきだったのである。

陸軍は大きな損害を受けていないといっても、機動部隊が壊滅してしまっては、待っているものは敗戦しかなかった。

第18話　性能の見直しが必要か

――ソ連軍戦闘機の面々

少々前の話題だが、アメリカの航空雑誌に「ヤコブレフＹａＫ－３戦闘機の性能は、アメリカのＰ－51マスタングを上回ったのか？」という記事が載った。

これは読者の関心を集め、すぐにネット上で拡散された。

大戦機に興味を持つ者なら、ほとんどすべての人たちが〝マスタングこそ最良の戦闘機〟と信じているから、これは衝撃的であった。

比較がどのような形で行なわれたかわからないが、大戦の末期、中高度以下での空中戦であるならば、ドイツの戦闘機メッサーシュミットＢｆ109、フォッケウルフＦｗ190はヤクに劣る、という報道もあった。

これらの情報から、これまであまり評価されなかった旧ソ連戦闘機の、実力を再検討してみよう。

独ソ戦争を、ソ連では〝大祖国戦争〟と呼んでいる。当時、Y・スターリンの支配下で徹底的な秘密主義であり、情報という言葉さえ使うことを憚られた。

したがって西側の研究者、ファン、マニアは、戦後永くこの国を理解できず、そのため広義の技術にも懐疑的であった。

それが二〇世紀の終わり、ソ連がロシアに代わる頃から、多くのデータが公開され、それは軍用機の分野にも及んだのである。ところで当時のソ連戦闘機には次の系列が存在した。細かく分類すれば別だが、大要は下記のとおりである。

・ポリカルポフ系　I－15、153、16

これら三種の戦闘機は、日ソの国境紛争ノモンハン事件、スペイン内乱では活躍したが、独ソ戦になると初期を除いてすべて退役していて、後継機は登場していない。

・ミコヤン・グレビッチ系　MiG－1、3

初期のミグ系列は、すべてにわたって操縦性に問題があり、製造されたものの多くは戦闘機よりも偵察機として使われている。またフライアブルな機体は残っておらず、そのため評価は困難である。

・ヤコブレフ系　Yak－1、3、9

要目・性能比較表

	ヤクYak-3	零戦52型	P-51 マスタング D型	Fw190A型
全　幅 (m)	9.2	11	11.3	10.5
全　長 (m)	8.5	9.1	9.8	8.8
翼 面 積 (m)	14.9	21.3	21.8	18.3
自 重 量 (kg)	2400	1900	3200	3200
エンジン出力 (HP)	1220	1130	1680	2100
最大速度 (km／時)	640	570	700	660
航続距離 (km)	820	2100	1530	910
翼面荷重 (kg／m²)	160	89.2	147	175
馬力荷重 (kg／HP)	1.97	1.68	1.9	1.52
翼面馬力 (HP／m²)	81.9	53.1	77.1	114

ポリカルポフI－153を単葉としたI－16。独ソ戦の初期に活躍した

操縦席の後ろに多数のドイツ機撃墜マークを描いたヤク Yak－3

独特の形をしているYak－3の主翼

3および9型は実質的にソ連戦闘機隊の中心戦力で、実に三万機も生産された。3型が現在十数機存在し、その調査結果から、前述のような報告がなされた。したがって議論、そして評価の対象はこのYak－3に集中される。

・ラボーチキン系　LaGG－3、La－7、9

ソ連の戦闘機では珍しく空冷エンジン付きである。La－7、9とも優秀な戦闘機であったが、出現が遅れ、本格的に前線に登場したのは戦争の末期であった。さらにフライアブルな機体が無く、評価できずにいる。

このような前提でYak－3の実力を調べてみよう。まず言えることは、全般的にソ連機は日米英独の主力戦闘機と比較して、極めて小さい。

これらのデータを知るために簡単な要目を掲げるが、ヤクの翼面積は一五平方メートルに満たず、なんと零戦の七割なのである。

馬力、重量に大差がないから、大雑把にいえば、高空性能、旋回性に劣り、速度に優るということであろう。また重量はP－51、Fw190より一トン以上軽いから、低空での運動性能はこの二機を凌駕していた可能性がある。

もともと東部戦線におけるドイツとソ連の空の戦いは、米英のそれとは異なり戦略爆撃とは無縁であった。最初から最後まで、味方地上軍の支援と敵地上軍の阻止がすべてである。つまり両軍とも四発の爆撃機を持っていないので、戦略爆撃へのエスコート、迎撃任務など存在しない。

このような戦いであれば、作戦高度はほとんどが低空、たまに中高度での空中戦であった。五〇〇〇メートル以上の高度での戦闘は皆無であった。

また次の事実も、ソ連戦闘機にプラスに働いた。地上戦への支援であるから、戦場と基地の間の距離が近く、せいぜい二〇〇〜三〇〇キロである。

設計の段階でこのような要素を取り込んでいたのかどうか不明だが、ソ連機の航続力は一般的に八〇〇キロ。つまり零戦、マスタングの三〜四割といったところで、当然搭載燃料は少なく、これは機体の軽量化に繋がる。

このように見ていくと、次のような結論となる。

ソ連戦闘機は、中高度以下で使われ、航続力の貧弱さを露呈せずに済んでいる。言いかえれば高高度性能、航続性能という二つの能力を必要とされなかったのであった。

そうであれば大型爆撃機を護衛して二〇〇〇キロ以上飛行するP－51と、Ｙａｋを比較することは、マラソンと短距離のランナーを比べて、どちらが優秀か、議論しているような気がする。

さて現在、Ｙａｋ－3は十数機がフライアブルな状態で存在するが、そのいずれも非常に良い状態である。

これには不可思議な理由がある。イギリスの航空雑誌によると一九九八年に旧ソ連／ロシア国内でポリカルポフ、ヤク戦闘機があわせて二〇機近く、組み立てられる直前の状態で発見された。これらはすぐにアメリカに買い取られ、ニュージーランドで整備されている。

いずれも時間はたっているものの、新品であるから、状態は最高であろう。

たしかにすぐ近くから見ても、驚くほどの状況である。このことから、これを購入した西側の人たちは、制限なく運用し、「ソ連戦闘機は高性能である」との評価に繋がった可能性もある。最終的な判断はエアショーでフライトするソ連機を実際に見て、各自が判断するのが良いだろう。

第19話　その役割は終焉したのか
――アフガンとウクライナ紛争におけるソ連／ロシアの攻撃ヘリコプター

当時社会主義国であったソ連は、一九七九年末にイスラム教国アフガニスタンに武力侵攻する。同国の社会主義による近代化を狙ったことが目的だが、イスラム教徒は猛反発し、大規模なゲリラ戦を展開する。

この戦争は約一〇年に及ぶが、大国ソ連は一万五〇〇〇名の兵員を失い、しかも目的を果たすことが出来ず、最終的に全面的な撤退となる。

この間、種々の原因で三〇〇機を超える軍用機が破壊され、この半数がヘリコプターであった。

機種としてはミルMi－8ヒップ輸送ヘリ、ミルMi－24ハインド攻撃ヘリが大部分と言われている。

また失われた原因は、戦争の中頃からアメリカがゲリラ側に供与したスティンガー携行型対空ミサイル、ならびに英国製の同型のブローパイプであった。地上の兵員が発射する肩射ち式の熱線追尾型ミサイルは、恐ろしいまでの威力を発揮し、ソ連軍のヘリにとっては大きな脅威となった。

もともと低空を低速で飛行するヘリコプターは、原則的に対空火器、対空ミサイルの餌食になりやすい。アフガンではこの事実が実証されたと考えて良い。

険しい地形の岩山から撃ちだされる小型のミサイルは、ヘリのエンジンの排気を見事に追尾し、近接信管によって大きな損害を強要したのであった。

ヒップ、ハインドは熱源を振りまく防御用のフレアを多用して、スティンガーを振り切ろうとしたが、その効果は完全とは言えなかった。

さてそれから三〇年の歳月が流れ、二〇二二年二月にソ連改めロシアは、隣国ウクライナに侵攻する。この理由はウクライナの西側への傾斜を食い止めること、国境付近の親ロシア武装勢力を支援することであった。

アフガンの場合、侵攻した兵力は一〇万名であったが、ウクライナではその二倍の兵員であった。準備されたヘリコプターはヒップなどの輸送用、ハインド、ハボック、ホーカムなどの攻撃用を合わせると五〇〇機前後と言われている。この三種の攻撃へ

ロシアの攻撃ヘリ　要目比較表

	ミルMi-28 ハボック	ミルMi-24 ハインド	カモフKa-50 ホーカム
全　幅 (m)	5.9	—	—
全　長 (m)	17	21.4	13.5
ローター直径 (m)	17.2	17.3	14.5 2重反転
最大離陸重量 (t)	11.5	12	12
エンジン出力 (HP×基数)	2200×2	1920×2	2440×2
最大速度 (km／時)	300	320	310
航続距離 (km)	430	450	390
乗員数 (名)	2+3	3+8	2
生産数 (機)	250	1200	220
登　場	2008／?	1969／9	1982／7

ロケット弾を発射するミルMi－24ハインド

防御用のフレアをまき散らす攻撃ヘリ

簡単な構造のスティンガー発射機

リの仕様を別表に示す。

特に主力となったハインドはアフガンでも大量に使われており、多様なロケット、機関砲による打撃力だけではなく、八名の歩兵を同乗させることが可能なユニークな攻撃ヘリであった。

西側にこのタイプのヘリコプターは、存在しない。開戦後に公開されたテレビ映像では、これらの輸送、攻撃ヘリが群れをなして、ウクライナ領内に殺到するシーンが映し出されている。

時には一つの画面に実に二〇機が写っていることさえあった。また一日あたり平均的に一二〇機が出動していたと伝えられている。

侵攻開始から二、三ヵ月、兵員数に勝り豊富な兵器を有するロシア軍は、ウクライナ領内に着々と占領地域を広げ、首都キーウ／キエフさえ脅かす状況にいたる。プーチン大統領率いるロシアは、早々に目的を達するかに見えた。

しかししばらくすると、少しずつウクライナ軍による有効な反撃が始まった。ロシア側の損害が増え、必然的に進撃の度合いは低下していく。

これはウ側の反撃体制が整いはじめたこと、欧米からの武器、兵器の引き渡しが本格化したことによる。

夏の訪れとともに戦線は膠着し、首都の陥落の危惧は消え、平穏を取り戻す。

また同時にロシア軍のヘリコプターの活動は、見る間に消極的になっていく。

改良されたスティンガーなどの携行型ミサイルがウクライナ軍に大量に配備され、その数は数千発といわれている。

写真の如くこのミサイルは簡単な発射台から撃ちだされ、その名の通り昆虫の針スティンガーは高価なヘリに致命的な打撃を与えるのであった。

なかでもウ軍によって発射されたミサイルが超低空を飛ぶハインドあるいはヒップを追跡、命中、撃墜する動画は、極めて鮮明でこの種の兵器の威力を世界中に見せつけている。歴史的に見ても、航空機が目の前で墜落し、その直後に爆発する光景などなんとも衝撃的であった。

現実の問題として、熱線追尾型のミサイルからヘリが回避する手段などまず思い浮かばない。先に述べた如く熱源をまき散らし、ミサイルのセンサーを惑わすフレアがほとんど唯一なのである。

この点から数十年間、ヘリの防御方法は全く進んでいないことになる。

ロシア軍の演習を現地の演習場で見学しても、輸送ヘリ、攻撃ヘリは信じられないほど大量のフレアをまき散らして自身の身を守ろうとしている。

このあたり、陸上自衛隊のヘリ部隊ではほとんど見ることはない。

しかしどのようなヘリでも搭載しているフレアには限りがあり、使い尽くすと全く無防備になる。さらにミサイルのセンサーは進歩し、フレアの熱とエンジンの排気の熱を識別可能になりつつある。

このようなことからウクライナ上空におけるヘリの活動は、大幅に制限されてしまい、これがロシア軍停滞の要因になっていると考えられる。

ベトナム、アフガニスタン、ウクライナ紛争によるヘリコプターの損失は決して無視できるような状況ではなく、もしかするとこの兵器の存在価値さえ危うくしつつあるようだ。といっていまのところ有効な対策は見当たらない。

もしかするとこの戦争の教訓として、世界の軍隊に置かれているヘリ主体の陸軍航空は、否応なくヘリコプター戦術の根本的な変更を強いられるものと思われる。

なお、我が国の陸上自衛隊も、AH－1、AH－64攻撃ヘリコプターの早期退役を決定しようとしているのであった。

第20話　実戦で活躍した双胴戦闘機
――P－38ライトニングとDH－100バンパイア

航空史をひもとくと、航空機の形はまさに多種多様である。主翼の数については単葉機から三葉機、エンジン数はゼロのグライダーから八発を装備した爆撃機まで。さらに水上機、飛行艇、水陸両用機、エンジンの取り付け方法では牽引式に推進式とあり、これほどいろいろなスタイルを持つ乗り物は、他にも見当たらない。

ここでは胴体が二つという変わった形、つまり双胴形式について述べたいが、これまた軍用だけに絞っても多くの種類が登場している。しかも時代的には第一次大戦（一九一四～一八年）から顔を出しているので、すべてを合わせると数十種に上る。

したがってここでは、双胴の戦闘機、しかも数千機単位で製造され、実戦で活躍した機種に限って話を進めたい。

当然のことではあるが、この条件に当てはまるとなると大幅に限定されてしまい、わずかに二機種のみとなる。このどちらも非常に興味深い戦闘機なので、早速見ていくことにしよう。

1：ロッキードP－38ライトニング双発双胴戦闘機

一九三九年一月に初飛行した、ロッキード社が初めて世に送り出した戦闘機。装備した二基のアリソンエンジンには最初から排気タービンが装着されており、ドイツ、日本の航空技術をはるかに引き離すと同時に、六五〇キロ／時という驚異的な速度を発揮している。

中央胴体の左右に取り付けられるエンジンは、どちらも内側に旋回するように設計されており、操縦性の容易さ、機関砲の命中精度の向上に大きく寄与している。また標準的な二〇ミリ砲一門、一二・七ミリ機関銃四梃は機首に集中的に装着され、命中精度を高めている。

さらに驚くのは、本機の爆弾搭載量である。最大一・五トンで、この数値は日本陸軍の九七式重爆撃機、海軍の九六式、一式陸上攻撃機と等しい。これらの爆撃機の乗員は七、八名であるが、ライトニングは単座機であり否応なく高評価を与えざるを得ない。

この状況はやはりアメリカの航空技術の現われなのであった。

一九四二年の春から太平洋戦線に登場するが、この戦域では高性能にも係らず、軽量の日本陸海軍戦闘機に思わぬ苦杯をなめさせられる。

この理由は、総重量一〇トン近い重力級のP－38をあまり考えることなく、日本機との空中戦に送り込んだためであった。

旋回性の良い軽量の零戦、一式戦隼と低空で格闘戦となれば、ライトニングの良さは発揮できず、少なからず損害を出している。

しかし数ヵ月過ぎると、このような戦闘、ドッグファイトの代わりに、高空から速度を利用した一撃離脱／ヒットアンドランに切り替えられる。

こうなると日本戦闘機は得意の戦術を封じられ、一挙に立場は逆転するのであった。

また爆撃機、攻撃機に対してもこの戦法は極めて効果的で、P－38の戦果は急増し、また生産は急ピッチで進められていく。このためライトニングの総製造数は九九〇〇機を上回っている。

一方、ヨーロッパでも本機は、主として地上攻撃に活躍し、ドイツ機甲部隊に対しても大きな戦果を挙げている。

双胴双発単座のロッキードP－38ライトニング

木製の双胴ジェット戦闘機デハビランド・バンパイア

とにかく双胴、双発の単座戦闘機は、航空戦史の歴史の中でも大いに足跡を残したのであった。

2：デハビランドDH－100バンパイア単発双胴ジェット戦闘機

まだ戦争が続いていた一九四三年九月に初飛行した、イギリスの双胴単発ジェット戦闘機である。ただし配備は終戦後になってしまい、大戦の実戦には登場していない。

本機は重量三・五トンとかなり軽量で、推力一・五トンのゴブリン発動機を装備し、最大速力は八六〇キロ／時である。また戦闘爆撃機タイプの場合、二五〇キロ爆弾二発を搭載することが出来た。

双胴のジェット戦闘機は、このバンパイアから発達したベノム、シービクセンなどが生まれているが、いずれも実戦いは参加せずに終わっている。さらに日本にも一九五六年に一機が研究用として輸入され、現在でも航空自衛隊の博物館で見ることが出来る。

バンパイアは性能的には平凡であったが、信頼性に富み、実に二六ヵ国で使用され、総数としては三三〇〇機も造られた。退役したのはなんと一九九〇年である。さらにフランス、オーストラリア、インドなどでも製造された。

実戦ではマラヤ紛争、第二、三次中東戦争、インドパキスタン戦争などでかなりの数が使われたが、やはり戦闘機としては性能不足で空中戦のさい十数機が撃墜されている。このため戦争の後半ではもっぱら爆撃を担当した。

それにしてもなぜこれほど大量に普及したのか。

この理由としては機体が木製であり、イギリスに大戦中の航空用木材（強化木）の在庫が豊富にあって、価格が極めて安かったことによっている。

もうひとつ、現在でもバンパイアが航空ファンの記憶に鮮明であるのは、フレデリック・フォーサイスの傑作航空小説（『シェパード』）の主役となったからである。本稿のＲＣＧは、小説の内容そのままにモスキート戦闘機の助けを得て、遭難寸前、夜間にエアストリップに着陸する同機を描いている。かつて読者から最高の航空小説といわれたこの作品に登場したことによって、バンパイアは永久に人々の記憶に残るという幸運を得たのである。

NF文庫書き下ろし作品

NF文庫

航空戦クライマックスII

二〇二三年三月十九日　第一刷発行

著　者　三野正洋

発行者　皆川豪志

発行所　株式会社　潮書房光人新社

〒100-8077　東京都千代田区大手町一-七-二

電話／〇三-六二八一-九八九一(代)

印刷・製本　凸版印刷株式会社

定価はカバーに表示してあります

乱丁・落丁のものはお取りかえ致します。本文は中性紙を使用

ISBN978-4-7698-3301-7　C0195

http://www.kojinsha.co.jp

NF文庫

刊行のことば

第二次世界大戦の戦火が熄《や》んで五〇年――その間、小社は夥しい数の戦争の記録を渉猟し、発掘し、常に公正なる立場を貫いて書誌とし、大方の絶讃を博して今日に及ぶが、その源は、散華された世代への熱き思い入れであり、同時に、その記録を誌して平和の礎とし、後世に伝えんとするにある。

小社の出版物は、戦記、伝記、文学、エッセイ、写真集、その他、すでに一、〇〇〇点を越え、加えて戦後五〇年になんなんとするを契機として、「光人社NF（ノンフィクション）文庫」を創刊して、読者諸賢の熱烈要望におこたえする次第である。人生のバイブルとして、心弱きときの活性の糧《かて》として、散華の世代からの感動の肉声に、あなたもぜひ、耳を傾けて下さい。